解開身後事的迷思

劉銳業　梁梓敦　鄺汝濤　黃錦妍　梁樂燊　著

推薦序

一

「人生自古誰無死？」自古人類就有死亡，因此死亡對我們來說不是一件陌生的事。但是很奇怪，我們開始有系統地研究和談論死亡，卻是近一百多年來的事。

三十多年前，台灣的大學開始教授「生死學」課程，然後推展至在小學、中學推行「生命教育」及「生死教育」。生死教育影響醫療、法律等方面的改變，最明顯是「殯葬改革」，讓死者有尊嚴地離開，家屬能以合宜價錢為親人舉行喪事，亦可以減少遺憾。

生死教育的目標為破除死亡的恐懼、打破死亡的禁忌、建立正向死亡觀、反思生命的意義、做好死亡的準備、正視死亡的尊嚴、學習對生命關懷。

生死教育的內容及範疇非常廣闊，包括死亡觀（不同宗教及哲學）、臨終情境及照顧、哀傷輔導、紓緩 / 安寧療養服務、預設醫療指示、遺囑、遺物處理、生死倫理（如自殺、安樂死等）等內容，其中殯儀安排亦涉及在裏面。

有關殯葬的事情，其實與文化是息息相關的，各國各地都大不相同。黃錦妍小姐（Connie）於生死教育上非常有經驗，多年來透過自身豐富的外遊工作及身為殯葬禮儀師的經驗，在本書中將不同地方或國家的殯葬文化一一展示在我們眼前。

本書除了讓我們大開眼界之外，亦讓我們可更豐富地學習與討論生死這個議題。期望我們對生死不忌諱、不逃避，多用一個積極及寬敞的心，去思考及學習，以令我們更加明白生與死的意義，在有限的人生中，更加積極、努力地去生活，關愛我們身邊的人，珍惜生命及眼前人。

這是一本有關生死議題的好書，非常適合各年齡層人士閱讀，我盼望讀者及其家人朋友在閱讀時有所得著，也更加企盼香港的學校，愈發重視「生死教育」、「生命教育」，把其列入課程學習中。

黃民牧師

退休院牧、從事生死教育教學多年

二

人若到花甲之年，還需承擔照顧年邁的親人，甚至要安排他們的身後事，現實會是如何呢？既是生活的責任亦是情感的歷練。華人社會，忌諱談及死亡，更何況是規劃身後事！遇上突如其來的變化，人才會更深切體會到生活的無力感、殘酷感，再加上家庭關係的考驗、感情牽絆，要保持平衡心態，才能在漫長人生中活出真諦；更重要的是，感恩生命中的相遇並適時回報。

人生遺憾的事，可能是沒好好規劃自己的「最後一程」。

若因為害怕面對，最終卻成為家人的負擔，或者走時被後事纏繞，最是遺憾。有選擇的人生才是瀟灑走一會。

常言道自主人生、財富自由，其實死亡都可以自主，就讓這本書解開大家多年的枷鎖，由淺入深體會生死教育的暖與善。因緣際會，珍惜眼前。

鄭潔儀

盈文化藝術中心

市場營銷策略

三

古人謂「生死有命」，生與死都是人人必經的。不少喪葬禮儀，除了反映中國倫理觀，其實亦有助在世的親朋好友疏導悲哀情緒，接受先人離去的現實。只是，不少華人對於死亡總是帶有不盡的恐懼，於是採取迴避態度；談論相關的生死話題，彷彿成為禁忌。好友汝澔兄與諸位作者，皆對生前身後的文化有很深的認識，相信這本著作可以掃除不少讀者心中的疑竇，及對殯葬文化的迷思。

溫佐治

文化組織「程尋香港」創辦人

自序

一

生老病死是人生必經階段。最近，我在不同社交媒體及傳媒報導中，接收了不同生離死別的故事。當中有些人突然撒手人寰，短短的一生，還未為人生做好身後事安排，亦來不及向身邊所愛的人道別、道謝，只有帶著遺憾長埋於黃土中。我構思寫這本書時，主要集中從生前規劃、人死後的處理流程、殯葬忌諱、誤解及迷思、哀傷輔導個案，展示殯儀業界內的細節，以及提倡生死教育的重要性。自 2023 年起，我先後出版了《方生方死：被遺忘的專業》及《身後事：香港殯葬文化探尋》，其中，《身後事：香港殯葬文化探尋》成為香港三聯書店 2024 年出版的書目中，香港市場的銷售首位。我希望讀者能夠透過相關的書籍，加深對殯儀業界、生死教育的認識，關顧身邊的人，珍惜現在，活在當下。我亦感激殯儀業界前輩、生死教育機構的無私分享，以及我的家人和太太的鼓勵。最後，我想將本書送給我天上的婆婆。

劉銳業

二

多年前，我便希望整理這十多年來的哀傷輔導經驗，寫一本書與公眾分享如何面對哀傷和關懷喪親者。可是，由於繁重的工作和拖延的心態，這個想法一直未能實現，直至今天。我感謝劉銳業博士邀請我共同撰寫此書，更感謝太太悉心照顧孩子和家庭事務，讓我能專心發展事業，並擁有平穩的心，承載他人的不幸。

希望我的分享能成為哀傷者的指引，幫助他們理解情感，並找到適合自己的方向，繼續前行。

梁梓敦

三

三十歲時，我突發需要尋求協助，處理親人的身後事。經親戚轉介，我戰戰兢兢步入了一間傳統長生店。因著店長的妥善安排，處理喪事的每個步驟都清晰無比，悲傷之中有人攙扶，無疑慮地完成了整個繁複的殯葬程序 —— 我對這個經歷一直心懷感激。

其後，我結束了大半生的廣告美術指導生涯，2015 年因緣際會之下，我轉行踏入這個禁忌行業。四十歲重新出發，卻發現這個行業非常現實，入行第一步是要「生存」，要找到自己的工作崗位；作為「行街」[1]，要建立人際脈絡、有工作收入，否則支撐不了生計，就會被「淘汰」。從前，我對殯儀業一知半解，總是想到鬼神，但透過工作的經驗累積，才發現傳統儀式意義的深厚及民間智慧的博大精深。我熱衷於探索這禁忌的領域，並於社交媒體開始經營殯儀專頁「黑白灰藍」，跟公眾分享有關殯葬方面的知識及資訊、更正坊間的誤解，並提醒親友我的新工作服務。

默默耕耘，經歷了頭幾年的超低收入期後，我開始主理喪禮及殯葬周邊的其他服務，總算步入「穩定」階段。雖然經常忙於為先人服務及關顧家屬，但是這門「學到老做到老」的工作，接觸各類人群、層面廣闊，不會枯燥乏味，喪親家屬的道謝更是不能以金錢衡量。工餘時間，我還會走訪學校、走入社區，分享行業軼聞及舉辦善終講座。近年，社會出現不少自殺個案，加上生死教育日益受到重視，我雖然明白孔子所曰的「未知生，焉知死」，但現今「未知死，焉知生」似乎也同樣適用。讓現代人了解何謂死亡，有助我們學會珍惜生命，懂得生活。因此，我嘗試第二次走出框框，打破禁忌，開辦「殯葬深度遊」，導賞行程包括紅磡殯儀街、殯儀館、墳場土葬地、金塔地、火葬場、骨灰樓、撒灰紀念花園、棺木廠甚至出海撒灰等地點或場合。導賞旨在深入淺出地讓公眾了解及體驗每個人臨終前要面對及考慮的問題，獲得了外界好評。

1 「行街」即殯儀策劃師，長生店經紀。

2024 年，我獲邀請於《身後事：香港殯葬文化探尋》中撰寫了一個小章節。得悉《身後事》的銷量非常理想，我實在受寵若驚。今天，我第三次走出框框 —— 這亦是我期待已久的新嘗試 —— 將傳統長生店「行街」的經驗及所見所聞，整理成文。本書第三章，我詳述了有關辦喪事的相關資訊、各種儀式及冷知識；第四章則希望解開傳統殯葬迷思，釋除坊間謬誤，減少社會忌諱，讓讀者對身後事有更清晰的認知及想法。當然，其餘作者的文字，亦值得大家細味，從生宜到死忌，從中獲益。念念不忘，必有迴響，希望大家會喜歡這本書。

最後，我希望藉此感謝多年來在殯儀工作中，曾給我提供過相關資訊的前輩及工作夥伴，當中包括長生店負責人、喃嘸師傅、堂倌先生、化妝師、土工大哥及紥作師傅等。你們的知識有如瑰寶，若缺乏系統記錄，實在可惜。雖然有些知識各人有不同的見解，但將今天最廣泛流傳的演繹，整理成書，有賴各人無私的分享。謹此致謝。

鄺汝澔

| 紅磡區殯儀館

| 綠色殯葬紀念花園

| 和合石墳場墓地

四

2020 年，因新冠疫情肆虐，香港經濟遭到重創，我服務六年半的航空公司倒閉。常聽說，上天關閉了一扇門，總會悄悄地為你準備另一扇窗。因緣際會，我踏入了殯儀行業，成為殯葬禮儀師。我先在美國完成禮儀師課程，隨後於香港嶺南大學修讀碩士課程。2022 年，我重返航空業，把握機會到訪世界各地的墓園及火葬場，學習中西殯葬文化。

在這本書中，我將分享香港當代綠色殯葬，揭示在可持續發展下，如何用骨灰飾物延續愛的故事。談及香港的綠色殯葬，公眾大多聚焦在再生紙棺、花園撒灰和海上撒灰；但走出本地，放眼世界，澳洲和美國的樹葬與花圃葬以及尼泊爾的河葬，亦值得我們學習，可激起我們對生命的深思。透過這些故事，能引起讀者對殯葬方式的反思，思考亡者精神傳承予生者的意義，並在每一次告別中，找到心靈的平靜。

黃錦妍

五

提筆撰寫這本書時，內心充滿了複雜的情感：既有對生死議題的敬畏，也有在分享過程中收穫的啟發和感動。死亡，雖然是生命中無可避免的一部分，但它從來不應該被視為禁忌，而是一次重新認識生命的契機。在書寫的過程中，我深刻感受到，死亡並非終點，而是一種提醒 —— 提醒我們珍惜有限的時光，活出真正有意義的人生。希望這本書可為讀者帶來啟發 —— 無論你是年輕人，正在探索未來；還是年長者，反思過往與規劃未來 —— 都能透過這段旅程學會坦然面對死亡，並從中找到如何更好地活在當下的方法。

願這本書能陪伴你，帶來啟迪與力量。

梁樂燊

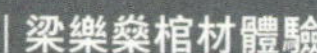
梁樂燊棺材體驗

目錄

| 第一章 |

生前規劃

生老病死是人生必經的階段，我們應以正面的態度面對死亡。若能在生前提前規劃身後事，並與家人分享自己的想法，便能更好、更方便家人遵從自己的心願，為自己選擇合適的殮葬方式，倍感安心。

生前規劃是對人生終點的提前安排，旨在讓人以更有準備、更有尊嚴的方式面對死亡，同時減輕家人和親友的負擔。這種規劃涵蓋多方面，包括財產分配、喪禮安排、器官捐贈及遺體捐贈等。透過生前規劃，我們不僅能實現自己的意願，亦能以愛與責任，為家人帶來一份安心與關懷。

本章作者：劉銳業、梁樂燊

生前規劃三五事

人生是不可逆的旅程，生老病死乃必經階段。面對死亡，與其迴避，不如以正面的態度迎接，提前做好準備。透過「生前規劃三五事」，我們能以清晰的框架，妥善安排重要事宜，不僅能確保自身意願得以實現，更能減輕家人和親友的壓力，為他們留下愛與關懷。

為鼓勵市民提早考慮身後事，食物環境衛生署（簡稱「食環署」）設立了「綠色殯葬中央登記名冊」。市民可透過名冊，提前登記並選擇綠色殯葬的意願，當登記者離世，其親友在申請火葬服務時，食環署會即時通知申請人有關離世者生前的選擇，協助家屬作出適當安排。此外，食環署亦設有「身後事安排」專題網站，提供有關殯葬服務的資訊及指引，幫助市民了解不同選項，並作出適合自己的安排。

第一事：財產規劃

財產規劃是生前規劃的核心部分，目的是確保財產在離世後按照個人意願進行分配，避免因分配不明導致家屬之間的爭議。

財產規劃選擇

立平安紙	適合財產結構簡單且對家屬信任度高的情況，作為一份非正式的財產分配指引。
立遺囑	具法律效力，適用於財產較為複雜的情況，有助確保遺產分配合法且清晰，避免爭產。
建立信託	適合需要長期管理財產或保障未成年受益人的情況，透過信託人管理財產，實現持續的財務安排。

注意事項

文件需清楚且符合法律要求，例如遺囑必須有見證人簽署方具法律效力。需定期檢視和更新財產分配計劃，尤其當家庭或財務情況發生變化時（如結婚、離婚、添丁或購置新財產）。

第二事：醫療決定

當面臨重大疾病或失去行為能力時，醫療決定能確保個人選擇得到尊重，同時避免家屬因不知當事人意願而陷入困境。

醫療決定選擇

預設醫療指示（Advance Directive）	能表明是否在特定情況下接受某些治療，例如不施行心肺復甦術（DNR）或其他延命手段。
持久授權書（Enduring Power of Attorney）	授權信任的人代為作出醫療及財務決定，適用於個人無行為能力的情況下。

注意事項

需與醫生或律師確認文件的法律效力，確保所有指示在需要時能被執行。要清楚表達個人意願，並通知家屬或受託人，避免未來出現混亂或分歧。

第三事：喪禮安排

喪禮不僅是家人和親友對逝者的告別儀式，更能體現逝者的價值觀。提前規劃喪禮，能減輕家屬在悲痛中作出決定的壓力，並確保喪禮儀式符合個人意願。

喪禮安排步驟

第一步： 選擇葬禮形式	可選擇較常見於香港的火葬，骨灰可安放於靈灰安置所或撒入海洋。或可選傳統土葬方式，但需有墓地安排。近年綠色葬禮亦愈見普遍，如海葬、花園葬，提倡環保理念。
第二步： 指定葬禮細節	指定喪禮風格，如傳統儀式或簡約形式。指定音樂、花卉佈置，體現個人喜好與價值觀。可定下親友著裝要求，例如要求親友穿著彩色服飾，以輕鬆方式送別自己。
第三步： 提前交流需求	提前與殯儀館交流需求，甚至預繳服務費用，確保所有安排可如願、如期進行。

注意事項

喪禮安排可記錄於平安紙或遺囑中，確保家屬知悉相關細節。確保安排與個人信仰或文化背景一致。

第四事：器官或遺體捐贈

器官或遺體捐贈是延續生命或回饋社會的一種方式，讓生命在另一種形式中得以延續。

器官或遺體捐贈

器官捐贈	可於「器官捐贈登記名冊」登記，表達捐贈意願，幫助需要器官移植的病人重獲新生。
遺體捐贈	表明是否願意捐贈遺體用於醫學研究或教學，為醫學發展作出貢獻。

注意事項

清楚通知家屬自己的捐贈意願，避免因家屬反對而影響捐贈。確認個人健康狀況是否符合捐贈要求，以便相關機構安排。

第五事：遺物處理

物品承載著人的回憶與情感，生前規劃遺物的處理方式，能避免家屬在悲痛中因處理遺物而產生矛盾，亦能更有效地延續物品的價值。（1）存放，如將有紀念價值的物品交給特定親友保管。（2）分配，如珠寶、收藏品等可指定分配對象。（3）銷毀或捐贈，如不希望物品保留，可指定銷毀或捐贈予慈善機構。

注意事項

將遺物處理的具體要求清楚記錄，並通知執行人或家屬。對有經濟價值的物品，應與財產分配計劃一致，避免產生矛盾。

立平安紙／立遺囑流程

在財產分配的規劃中，立平安紙或遺囑是重要的方式，能幫助確保逝者的意願得以實現。平安紙和遺囑的主要區別在於其法律效力及適用情況。

立平安紙流程

平安紙是一種簡單的財產分配方式，雖無正式法律保障，但在家庭成員彼此信任且財產結構簡單時，能起到一定的分配指引作用。

步驟

第一步： 起草	如要立平安紙，需由立平安紙者（即財產擁有人）**親自撰寫**文件，並清楚列出以下內容： • 財產種類（如現金、存款、房產、珠寶等）。 • 各項財產的分配比例或歸屬的受益人（如配偶、子女等）。 • 其他特殊指示或要求（如特定遺物的處理方式）。
第二步： 簽署	撰寫完成後，立平安紙者需在文件上簽名，並邀請**兩名**見證人見證簽署。見證人需符合以下條件： • 年滿 18 歲，具法律行為能力。 • 不能是平安紙中財產的受益人，以避免利益衝突。 • 見證人在文件上簽名後，平安紙即完成。

所需文件

1. 平安紙，必須由立平安紙者親筆書寫並簽名，內容需清楚明確。
2. 見證人的身分證明文件，用於確認見證人身分，避免未來可能出現的爭議。

立遺囑流程

遺囑是一份具法律效力的文件，能確保財產分配按照逝者的意願進行。相較於平安紙，遺囑的程序更為正式且受到法律保障。建議尋求專業律師協助起草遺囑，確保文件內容符合法律要求，避免未來出現爭議。

步驟

第一步： 起草	自行起草，或尋求專業律師協助起草遺囑。遺囑中需明確列出以下信息： • 所有財產的詳細資訊（如銀行賬戶、房產地址等）。 • 受益人的身分及其應得份額或物品。 • 遺囑執行人（Executor）的姓名及聯絡方式（通常是受信任的家人或律師）。 • 其他特殊要求（如子女的監護安排或慈善捐贈計劃）。
第二步： 簽署	與平安紙相似，遺囑需由立遺囑者簽名，並由**兩名**見證人見證簽署。見證人需符合與平安紙相同的條件，即年滿 18 歲且不能是遺囑的受益人。

第三步： 保存	完成後，將遺囑存放於安全的地方（如律師事務所、銀行保險箱或家中安全保管處）。可將存放地點告知受益人或遺囑執行人，以便日後查閱。

所需文件

1. 遺囑文件，由律師協助起草或自行撰寫並簽署的正式文件。
2. 見證人的身分證明文件，用於證明遺囑簽署過程的合法性。
3. 財產相關證明文件（可選），如房產證明、銀行賬戶資料等，方便日後執行遺囑時查閱。

有律師

遺囑是具法律效力的文件，能有效保障立遺囑者的財產分配意願，避免家屬之間的爭議，特別適合財產結構較複雜或希望有正式法律保障的情況。在香港，遺囑的撰寫需符合《遺囑條例》的規定。聘請專業律師協助起草遺囑，確保文件符合法律要求，能避免日後可能出現的法律爭議。

律師會根據立遺囑者的資產狀況及分配意願，提供專業意見，以確保所有細節清晰無誤。在律師的指導下，立遺囑人需列出所有財產，包括銀行存款、房產、投資、保險、公司股份、珠寶等。明確說明每項財產分配給誰（受益人）及分配比例。指定一位或多位遺囑執行人（Executor），負責在立遺囑人去世後執行遺囑內容。執行人通常是信任的家人或律師。可提出特殊要求，如撫養未成年子女的安排、慈善捐贈計劃或其他具體要求。

遺囑正式起草後，需由立遺囑人（即財產擁有人）簽署，並邀請兩名見證人見證簽署。見證人在文件上簽名後，遺囑即具有法律效力。見證人須年滿 18 歲，具法律行為能力；而且不能是遺囑中任何財產的受益人或其配偶，否則該受益人可能喪失繼承權。

簽署完成後，律師通常會協助將遺囑存放於安全的地方，如律師事務所或銀行保險箱。立遺囑人應告知受益人或遺囑執行人遺囑的存放地點，以便日後查閱和執行。

所需文件

1. 身分證明文件，如立遺囑人的身分證或護照，用於確認身分。
2. 財產相關文件，如銀行存摺、房產證明、投資賬戶資料、保險單等，便於律師準確列明財產明細。
3. 其他文件（如適用），如婚姻證明、子女出生證明，或任何與財產分配相關的文件。

注意事項

若財產狀況或家庭關係發生重大變化（如有新增財產、結婚或離婚等），應及時更新遺囑，避免與現實情況不符。遺囑必須以書面形式撰寫及簽署，並由見證人簽名；口頭遺囑或未簽署的遺囑無法律效力。立遺囑人可隨時撤銷或修改遺囑，需以書面形式進行，並符合相同的簽署和見證要求。

沒有律師

如果不聘請律師，遺囑可以自行撰寫，但必須遵守香港《遺囑條例》的法律規範，確保遺囑具法律效力。雖然自行撰寫遺囑較節省費用，但需格外注意內容應清晰及格式正確，以避免因法律瑕疵引起爭議。

立遺囑人需自行撰寫遺囑（可親筆書寫或打印），並在文件中註明個人資料，包括立遺囑人的姓名、身分證號碼及住址。詳細列出財產分配意願，財產的種類（如房產、銀行存款、珠寶等）、分配比例及受益人姓名。指定一名或多名遺囑執行人（Executor），負責在立遺囑人去世後執行遺囑內容；執行人通常是信任的家人、朋友或其他可靠人士。可加入特殊指示，如未成年子女的監護安排、特定遺物的處置、慈善捐贈等。

遺囑必須由兩名見證人在立遺囑人面前見證簽署，並在遺囑上簽名。見證人需年滿 18 歲，具法律行為能力。不能是遺囑的受益人或其配偶，否則該受益人將喪失繼承權。見證人簽署後，遺囑即具法律效力。

遺囑完成後，應妥善存放於安全的地方（如家中保險箱、銀行保險箱等）。為避免遺失或被篡改，立遺囑人應告知受益人或遺囑執行人遺囑的存放地點。亦可選擇將遺囑副本交予可信賴的人士保管。

所需文件

1. 自行撰寫的遺囑，可親筆或打印，但需有立遺囑人及見證人的簽名。

2. 見證人身分證明文件，用於證明見證人的身分，以防日後出現法律爭議。

注意事項

自行撰寫遺囑需符合香港《遺囑條例》的要求，否則可能被視為無效。遺囑內容應清晰明確，避免產生歧義，否則可能導致家屬間的爭議或法院的裁決。不能包含任何非法或不道德的指示。若財產或家庭狀況發生變化（如新增財產、結婚或離婚等），應及時更新遺囑。新遺囑應明確撤銷之前的遺囑。

平安紙與遺囑的分別

「平安紙」是一般市民對遺囑的俗稱，通常指記錄個人生前財產分配或其他意願的文件。然而，僅憑名稱，並不能決定該文件是否具備法律效力。要判定一份標明為「平安紙」的文件是否為遺囑，需檢視其是否符合《遺囑條例》第 5 條的規定。

根據香港《遺囑條例》第 5 條，一份文件要被視為合法有效的遺囑，必須符合以下條件：遺囑必須以書面形式製作，並清楚列明遺產如何分配或其他遺願。必須由立遺囑人（即遺囑的作者）親自簽署，且簽署需顯示其意圖確認文件為遺囑。簽署必須在兩名或以上見證人面前進行。見證人需要在立遺囑人簽署後，當場見證並簽名確認。立遺囑人必須年滿 18 歲，並具備清晰的心智，能理解自己所作決定的法律後果。

立遺囑流程

有律師的流程

諮詢律師

聯絡律師進行諮詢，了解遺囑的法律要求和個人需求。律師會解釋立遺囑的法律意義和程序。

沒有律師的流程

自製遺囑

立遺囑人可以自行撰寫遺囑，必須親自書寫全文，並在文件上註明日期和簽名。

準備遺囑內容

律師根據立遺囑人的指示起草遺囑，確保符合《遺囑條例》的要求，包括明確的受益人、執行人及財產分配。

遵循法律要求

確保遺囑符合《遺囑條例》的法定要求，包括意圖表達清晰、無不當影響等。

見證簽署

律師會安排見證人簽署遺囑，確保所有程序合法有效。見證人必須年滿18歲，且不能是受益人。

選擇見證人

需要至少兩名年滿18歲的見證人在場簽署，但這些見證人不能是受益人。

保存遺囑

律所通常會提供保管服務，將遺囑安全存放，並在需要時協助執行。

保存與通知

自行保存遺囑或告知信任的人其位置，以便未來執行。

資料來源：社區法網

若平安紙符合上述條件，它即是一份合法有效的遺囑；否則，該文件將不具備法律效力，無法用作遺產分配的依據。

項目	平安紙	遺囑
法律效力	名稱通俗，通常由立遺囑人自行撰寫，內容可能較為簡單而未經法律專業審核。 若未符合《遺囑條例》的要求，可能不具法律效力，僅作為參考文件。	有法律保障（受《遺囑條例》保障）
適用情況	財產簡單，且家屬間無爭議。	財產複雜，需避免爭產。
成本	免費（自行撰寫）/約 1,000–1,500 港元（涉及律師費用）	涉及律師費用（約 1,500–3,900 港元或以上）
見證人要求	需要兩名見證人簽署，且不能是平安紙中財產的受益人。	需兩名見證人，且不能是受益人。
執行複雜度	可能受家屬間信任影響	由遺囑執行人依法律執行
撰寫方式	可自行撰寫，無需法律專業知識。	建議聘請律師，確保格式及法律效力。
撤銷及修改	無正式規範，可能存有爭議。	需依法律程序，可明確撤銷或更新。
適用範圍	適用於小額財產或口頭協議的補充。	適用於所有類型財產，包括房產、投資等。

器官捐贈

器官捐贈是一種延續生命的崇高行為，捐贈者在離世後可將器官移植給有需要的病人，挽救生命或改善對方的生活質素。在香港，器官捐贈的程序簡單，但需登記意願及通知家屬以確保順利完成。

捐贈者需登入香港衞生署的「中央器官捐贈登記名冊」網站，並填寫以下基本資料：姓名、身分證號碼、聯絡資料（選填）。完成登記後，系統會記錄捐贈者的意願，而捐贈者可隨時登入網站查看或撤回該意願。雖然法律上器官捐贈不需家屬同意，但家屬的支持對於捐贈程序的順利進行非常重要。捐贈者應主動與家屬溝通，解釋器官捐贈的意義及自身的意願，避免去世後因家屬不知情或反對而影響捐贈。

捐贈者去世後，醫療機構會根據「器官捐贈登記名冊」的記錄，聯絡家屬確認捐贈程序。醫療團隊會根據捐贈者的身體狀況評估適合捐贈的器官（如心臟、腎臟、肝臟、肺等），並安排移植手術。整個過程以高度尊重和專業態度進行，確保捐贈者的遺體得到妥善處理。

所需文件

1. 於香港衞生署的「中央器官捐贈登記名冊」網站提交登記表格，無需額外紙本文件。

器官捐贈流程圖

器官捐贈流程

步驟 01

填寫器官捐贈登記表

在生前明確表示捐贈意願，可以通過填寫器官捐贈卡或登記。

步驟 02

醫療機構進行評估

在身故後，由醫療機構評估捐贈者的健康狀況及器官適用性。

步驟 03

確認捐贈意願

器官捐贈聯絡主任會透過查閱中央器官捐贈登記名冊等途徑，確認離世者生前是否已表達捐贈器官的意願。

步驟 04

家屬通知與同意

器官捐贈聯絡主任向離世者家屬解釋器官捐贈的相關細節，並尋求他們的書面同意以捐贈離世者的器官。

步驟 05

最後的告別與安息

器官捐贈手術完成後，遺體會送回病房，讓家屬可以進行最後的告別。

資料來源：衛生署

2. 有效身分證明文件。醫院在進行捐贈程序時需核實捐贈者的身分，因此應確保身分證明文件有效且容易查閱。

注意事項

捐贈者可隨時登入「中央器官捐贈登記名冊」網站撤回捐贈意願，無需提供理由。並非所有捐贈者的器官都適合移植，醫療團隊會根據捐贈者的健康狀況進行評估，例如是否有疾病或器官功能問題。香港的器官捐贈系統與其他地區（如中國內地）的系統分開運作，捐贈者的意願僅適用於香港地區。

遺體捐贈

遺體捐贈是一種崇高且有意義的行為，捐贈者的遺體可用於醫學教育和研究，幫助培養未來的醫生及推動醫學發展。在香港，遺體捐贈主要由香港大學及香港中文大學的醫學院負責接收和管理。

捐贈者需主動聯絡香港大學或香港中文大學的醫學院，索取並填寫「遺體捐贈同意書」。在填寫表格時，捐贈者需提供個人基本資料，並簽署文件以確認自願捐贈遺體的意願。同意書完成後，醫學院會將其存檔，並提供一份副本給捐贈者作記錄。

雖然遺體捐贈是捐贈者的個人決定，但為確保計劃順利進行，捐贈者應告知家屬其捐贈意願，並取得家屬的理解和支持。家屬的配合對後續遺體接收等程序十分重要，尤其是在捐贈者去世後需聯絡醫學院時。

捐贈者去世後，家屬需立即聯絡相關醫學院，提供捐贈者的基本信息及死亡證明。醫學院會安排專業團隊接收遺體，並負責運送至指定地點。捐贈的遺體將用於醫學教育（如解剖學課程）或醫學研究。醫學院一般會在遺體使用完畢後，依捐贈者或家屬的意願安排火化，並將骨灰歸還給家屬，或按捐贈者意願處理。

遺體捐贈流程

步驟 01

生前準備

捐贈者應與家人認真討論其捐贈意願，並獲得他們的同意。捐贈者可以在醫學院的網站上進行網上登記，或索取資料單張和手寫表格。登記後，捐贈者會在三個月內收到「遺體捐贈卡」及登記確認信。

步驟 02

通知醫院

當捐贈者辭世後，親友需向醫院職員表明先人曾登記捐贈遺體或清楚表達捐贈意願。親友需在辦公時間內聯絡醫學院進行相關安排。

步驟 03

文件處理

親友需向醫院領取及辦理必要文件，並將所需文件傳真至指定號碼。醫院職員將確認能否接收遺體並商討運送安排。

步驟 04

運送遺體

親友可在醫院舉行簡單告別儀式，然後由殯葬商安排運送先人遺體至大學。

步驟 05

教學結束後的程序

教學結束後，醫學院會通知家屬聯絡殯葬商安排火化。遺體火化後，家屬可自行或委託學校申請於將軍澳華人永遠墳場「無言老師」專區撒灰。

資料來源：食環署

所需文件

1. 由捐贈者生前簽署遺體捐贈同意書，確認自願捐贈遺體的法律文件。
2. 死者的身分證明文件，包括香港身分證或其他有效身分證明，用於確認身分。
3. 《死因醫學證明書》（Form 18），捐贈者去世後，由主診醫生或相關部門簽發，用於啟動遺體接收程序。

注意事項

並非所有遺體都適合捐贈，例如因傳染病或重大損傷（如交通意外）導致死亡的遺體可能無法用於醫學用途。醫學院會在接收遺體前進行評估。捐贈者可隨時聯絡醫學院撤回遺體捐贈意願，無需提供理由。若捐贈者生前未完成相關手續，但去世後家屬希望捐贈遺體，可聯絡醫學院商討可能性。然而，由於程序需符合法律要求，建議捐贈者生前完成所需文件。

遺物處理

遺物處理是逝者家屬需要面對的重要環節，包括處理逝者的個人物品、財產及其他具有紀念價值的物品。在逝者生前有清晰安排的情況下，遺物的處理相對簡單；否則，家屬需共同協商，妥善完成相關事宜。

制定計劃（生前規劃）

若逝者生前已立下遺囑或平安紙，明確遺物的分配或處理方式，家屬只需按照其意願執行。遺囑具法律約束力，適用於貴重物品（如珠寶、地產）或具法律效力的財產分配。平安紙，雖無法律效力，但能作為家屬間協商的參考依據，處理紀念品或一般遺物。

執行處理（家屬協商）

如逝者未留下具體指示，家屬需共同商議遺物的處理方式，避免產生爭議。常見的處理方式包括：

- **保留：**由家屬收藏具有紀念價值的物品，如相片、信件等。
- **捐贈：**將書籍、衣物或其他適合再利用的物品捐贈給慈善機構。

- **銷毀：**對無法再利用或逝者不願保留的物品進行妥善處理。

特殊物品

- **貴重物品：**如珠寶、收藏品或其他高價值物品，需依遺囑分配，或由家屬共同決定分配方式。
- **紀念品：**如相片、日記等，通常由家屬自行協商，由最適合的人保管。
- **敏感物品：**如涉及隱私或可能引起家庭矛盾的物品，家屬需謹慎處理，避免影響家庭關係。

注意事項

涉及財產、貴重物品或有法律效力的遺囑，需依法律程序處理，必要時可尋求律師或遺產執行人的協助。若遺物處理引發爭議，建議家屬間保持開放和尊重的態度，或尋求第三方協調。處理遺物往往牽涉情感，家屬應彼此支持，共同面對失去至親的悲痛，同時妥善處理逝者的遺物。

｜第二章｜

身後事的處理流程

在香港，死亡的處理流程，會根據死亡的性質（自然死亡或非自然死亡）、發生地點（如老人院或在家）以及特殊情況（如無人認領遺體或流產嬰）而有所不同。

本章將詳細介紹自然死亡和非自然死亡的處理步驟，包括《死亡證明書》的申請、遺體的處理，以及相關的法律程序。透過了解這些流程，家屬能夠在面對親人離世時，更加從容地處理後續事宜，並為逝者安排一個有尊嚴的告別儀式。

本章作者：劉銳業、梁樂燊

自然死亡

自然死亡是指因年老、疾病或身體自然衰退等非外力或外部事件導致的死亡，這類死亡通常不涉及警方或法醫調查，程序相對簡單。

當死者在醫院、老人院或家中自然死亡時，主診醫生會為死者進行檢查，並確認死亡原因。隨後，醫生會簽發《死因醫學證明書》（Form 18），用以證明死者的死亡屬自然原因。若死者並無主診醫生，或醫生無法確認死亡原因，則需通知警方，由死因裁判官安排進一步調查（見頁 26「非自然死亡」）。死者家屬（或相關人士）需攜帶由醫生簽發的《死因醫學證明書》，前往入境事務處轄下的死亡登記處登記死亡。登記完成後，家屬可獲得正式的死亡登記文件，用於後續的遺體處理及法律程序。

完成死亡登記後，遺體通常會由家屬安排殯儀館接收，進行殯葬事宜。家屬可聯繫殯儀服務機構協助處理遺體運輸、火化或土葬等事宜，並依死者的遺願或家屬意願安排喪禮。

<u>所需文件</u>

- 《死因醫學證明書》（Form 18），由主診醫生簽發，證明死亡原因屬自然原因。
- 死者的身分證明文件，包括香港身分證或其他有效身分證明文件。

- 申請人的身分證明文件，死者家屬或代理人需出示有效身分證明，用於完成死亡登記程序。

注意事項

若死者在家中自然死亡，需先聯絡主診醫生進行確認，並簽發《死因醫學證明書》。如醫生無法判定死因，需通知警方，警方會安排遺體送往公眾殮房由死因裁判官進行驗屍。死亡登記應於逝者死亡後 24 小時內完成，以免影響後續的殯葬安排。若家屬未能立即安排殯儀事宜，遺體可暫時存放於醫院或殯儀館的冷藏設施，直至家屬作出決定。

非自然死亡

非自然死亡是指因意外、自殺、暴力或其他可疑情況導致的死亡，包括但不限於交通意外、工傷、墮樓等情況。此類死亡通常需要警方和法醫介入，以確定死因並排除刑事成分。

在非自然死亡事件中，現場人員需立即報警。警方到場後會進行初步調查，記錄現場證據，並安排遺體送往公眾殮房進行剖驗，如有需要，會由死因裁判官法庭（Coroner's Court）進行後續研訊。若案件涉及刑事成分，警方會進一步調查並保留相關證據。

法醫受死因裁判官指派，對遺體進行解剖以確定死因。解剖是非自然死亡案件中的重要程序，尤其在死因不明或涉及可疑情況時更為必要。解剖完成後，法醫會出具報告，提供詳細的死因分析。如欲索取屍體剖驗報告的副本，請直接向死因裁判官申請。不過，家屬可根據宗教信仰或其他理由申請豁免解剖。

調查完成後，警方會通知死者家屬（或相關人士），並安排遺體的交還。家屬需憑相關文件領取遺體，隨後可進行殯葬安排。若案件仍在調查中或涉及刑事成分，遺體可能需要更長時間才能交還。

所需文件

- 死者身分證明文件，包括死者的身分證、護照或其他有效證件，用於辦理辨認遺體手續。

- 非自然死亡的死者親屬無須親身辦理死亡登記。所有屬於非自然死亡的個案，均會報告予死因裁判官。死因裁判官裁定死因後，死亡登記官會獲通知辦理該宗個案的死亡登記，並於登記後以書面通知死者的親屬。

注意事項

非自然死亡案件的調查通常需要一定時間，家屬需耐心等待警方和法醫的程序完成。在案件調查過程中，家屬可能需提供死者的健康資料或其他背景信息，協助確認死因。若案件涉及刑事成分，遺體的交還時間可能延長，直至調查或司法程序完成。

申請豁免解剖

在非自然死亡的情況下，解剖通常是確定死因的重要程序。然而，基於宗教信仰、文化傳統或個別家庭的情感需求，家屬可以向死因裁判官申請豁免解剖，讓遺體得以完整保留。但需注意，此申請僅在特定條件下才有可能獲批，並需經過嚴格的審核。

警方初步調查後，確認案件沒有涉及刑事成分，且死因能通過其他方式確定（如醫療紀錄）。如基於宗教信仰、文化風俗或其他特殊考量，家屬需提供相關證明文件支持申請。死因裁判官需確認豁免解剖不會影響案件調查或司法程序，並且死因明確無疑。家屬需向死因裁判官遞交書面申請，闡述豁免解剖的具體原因，並附上所需文件。申請需儘快提出，以免延誤遺體處理流程。

死因裁判官會綜合考量案件的特殊情況，包括死因是否清晰、是否涉及刑事案件，以及家屬提出的理由是否充分。若裁判官認為解剖仍有必要（如涉及法律責任或死因不明），申請將不被批准。若申請獲批，警方會將遺體交還家屬處理；若未獲批准，解剖程序將依照法律規定進行，家屬需尊重裁判官的最終裁定。

所需文件

- 死者的醫療紀錄（如適用），如死者生前有已知的疾病或醫療紀錄，提供相關文件可幫助死因裁判官更快確認死因。
- 家屬的書面申請，必須清楚闡明豁免解剖的原因，例如基於宗教信仰、文化習俗等，並附上申請人的身分證明。
- 宗教或文化信仰的證明（如適用），若申請基於宗教原因，需提供宗教機構或權威人士（如牧師、僧侶等）出具的書面證明，證明解剖違背死者或家屬的信仰。
- 其他相關文件，如有其他能佐證死因或支持申請的文件（如警方初步調查報告），應一併提交。

注意事項

儘管家屬有權提出申請豁免解剖，但最終決定權在死因裁判官手上。若案件涉及法律責任或死因不明，裁判官通常不會批准豁免解剖。家屬需儘早提交申請，避免影響遺體處理。死亡案件的後續程序通常具有時效性，延誤可能導致額外的法律或實務問題。

人死後的處理流程

自然死亡的流程

非自然死亡的流程

步驟 01

確認死亡

在醫院離世的情況下，註冊醫生會確認死者的死亡並簽發《死因醫學證明書》。如果需要火葬，醫生還會簽發《醫學證明書（火葬）》。

報警及調查

非自然死亡（如意外、中毒或暴力等情況）必須立即報警。警方會通知死因裁判官展開調查。死因裁判官會決定是否需要進行屍體剖驗或其他調查程序，以確定死因。

步驟 02

死亡登記

親屬或相關人士需在死者過世後14天內，攜帶申請人和死者的身份證明文件以及上述醫學證明文件，前往食環署、入境事務處及衛生署組成的聯合辦事處進行死亡登記。登記完成後，會獲得《死亡登記證明書》（俗稱「行街紙」）和適用於土葬的《死亡登記證明書》（俗稱「土葬紙」）。

送往公眾殮房

死者的遺體將被送往公眾殮房進行檢查和辨認。親屬或相關人士需攜帶身分證明文件及相關醫療文件到殮房辦理辨認手續。辨認後，親屬將獲發《領回遺體證明書》和《領取殮葬文件證明書》。

步驟 03

安排殯葬

親屬可根據死者生前的意願決定殯葬方式，如火葬、土葬或綠色殯葬。若選擇火葬，需持有火葬許可證到聯合辦事處辦理；若選擇土葬，則需到墳場辦事處辦理相關申請。

安排殯葬

在完成所有必要的法律程序後，親屬可以安排火葬或土葬。對於非自然死亡，通常需要額外的文件，如由死因裁判官簽發的《授權埋葬／火葬屍體命令證明書》。

資料來源：食環署

申請豁免解剖的流程

步驟 01

辨認遺體

在非自然死亡的情況下，警方會安排親屬到公眾殮房辨認遺體。親屬或相關人士需攜帶死者的身分證明文件及相關醫療紀錄（如醫院出院摘要）到公眾殮房辦理登記。辨認遺體後，會與法醫科醫生會見。

步驟 02

與法醫科醫生會見

在會見期間，法醫科醫生會詢問死者的病歷和臨終情況。如果希望申請豁免解剖，必須在此時通知法醫科醫生。

步驟 03

提供醫學文件

若死因顯示為自然死亡，需提供足夠的醫學文件以協助法醫科醫生評估死因。法醫科醫生將根據提供的資料和病歷作出意見供死因裁判官考慮。

步驟 04

裁決

死因裁判官將根據法醫科醫生的意見和提供的資料決定是否豁免解剖。如果死因不明或有可疑情況，則可能不會獲得豁免。

步驟 05

領回遺體

如果獲得豁免，可以在領取《批准屍體埋葬 / 火葬證明書》時一同領回遺體。若需進行剖驗，則最早可於下一個工作日領回遺體。

資料來源：食環署

老人院離世

老人院是許多長者安享晚年的地方，但當親人在老人院離世時，家屬仍需面對一系列的後續安排。

當老人院內有長者離世，院方會第一時間聯絡主診醫生到場確認死亡，並由醫生簽發《死因醫學證明書》。如果主診醫生無法到場或死因存疑，院方會通知警方處理，警方將介入並安排後續程序。老人院會聯絡死者的家屬，並告知相關手續的辦理程序。家屬需攜帶所需文件到死亡登記處完成死亡登記。

家屬完成死亡登記後，需聯繫殯儀館或相關機構安排遺體的接收與喪禮事宜。老人院通常會提供協助，幫助家屬與殯葬公司對接。

所需文件

- 《死因醫學證明書》（由主診醫生簽發）。
- 死者身分證明文件，如香港身分證、護照等。
- 家屬身分證明文件，用於辦理死亡登記時。

注意事項

家屬應與老人院保持良好的聯繫，確保院方有家屬的最新聯絡方式，便於在緊急情況下及時通知。可提前整理死者的身分證明文件，並了解死亡登記處的運作時間，避免延誤手續。若死者生前有特定的喪葬要求（如宗教儀式或火葬、土葬選擇），家屬應尊重其意願，並與殯儀館協調安排。

老人院離世流程

步驟 01

確認病情

若家人希望病人在老人院接受安寧照顧直至離世，家屬應與主診醫生討論病情，評估病人是否適合在老人院照顧。醫生會提供專業意見，並確定病人是否能夠在老人院安寧離世。

步驟 02

安排醫療支持

醫生需確認病人是否被診斷為末期疾病，並在離世前14天內接受診治。若病人在老人院自然離世，必須由同一位註冊醫生簽發《死因醫學證明書》。醫生應至少每兩週訪問一次，提供必要的紓緩治療和健康監控。

步驟 03

聯絡殯葬服務

在病人臨終前，家屬應聘請持牌殯葬商，並安排工作人員到老人院進行場地視察，以商討遺體運送的方式及路線。由於病人離世後，醫生未必能立即上門確認死亡並簽署相關文件，因此殯葬商需提供專業的遺體保存方案，以確保遺體得到妥善處理。

步驟 04

病人離世後的處理

在病人離世後，院舍職員需立即通知註冊醫生確認病人已離世，並簽署《死因醫學證明書》及《醫學證明書（火葬）》。然後，家屬或殯葬禮儀師需到死亡登記處辦理死亡登記。

步驟 05

運送遺體

文件齊備後，殯葬商工作人員可將遺體送至合法私營機構或殯儀館存放。此時不需要將遺體送往公眾殮房進行解剖分析。家屬應考慮喪禮的安排，並選擇適合的殯儀服務。

資料來源：毋忘愛

在家離世

當家人在家中離世時，家屬需要按照既定的法律程序處理相關事宜，以確保死亡得到合法確認並妥善安排遺體處理。

若病人在家中自然死亡，家屬需聯絡主診醫生到場確認，並由醫生簽發《死因醫學證明書》。若死亡原因不明、無法聯絡主診醫生或死者並無主診醫生，家屬需報警處理。警方會到場進行調查並安排將遺體送往公眾殮房，直至確定死亡原因為止。

家屬需攜帶相關文件（《死因醫學證明書》）前往死亡登記處辦理死亡登記。這是死亡後續處理的重要步驟，只有完成死亡登記，才能安排遺體的處理。登記完成後，家屬可聯繫殯儀館或相關機構，安排遺體的火化或土葬。

所需文件

- 《死因醫學證明書》（由主診醫生簽發）。
- 死者身分證明文件，如香港身分證、護照等。
- 家屬身分證明文件，用於辦理死亡登記。

在家離世流程

步驟 01

確認病情

若家人希望病人在家中接受安寧照顧直至離世，家屬應與主診醫生討論病情，評估病人是否適合在家中照顧。醫生會提供專業意見，並確定病人是否能夠在家中安寧離世。

步驟 02

安排醫療支持

醫生需確認病人是否被診斷為末期疾病，並在離世前14天內接受診治。若病人在家中自然離世，必須由同一位註冊醫生簽發《死因醫學證明書》。醫生應至少每兩週訪問一次，提供必要的紓緩治療和健康監控。

步驟 03

聯絡殯葬服務

在病人臨終前，家屬應聘請持牌殯葬商，並安排工作人員到家中進行場地視察，以商討遺體運送的方式及路線。由於病人離世後醫生未必能立即上門確認死亡並簽署相關文件，因此殯葬商需提供專業的遺體保存方案，以確保遺體得到妥善處理。

步驟 04

病人離世後的處理

在病人離世後，家屬需立即通知註冊醫生確認病人已離世，並簽署《死因醫學證明書》及《醫學證明書（火葬）》。然後，家屬或殯葬禮儀師需到死亡登記處辦理死亡登記。

步驟 05

運送遺體

文件齊備後，殯葬商工作人員可將遺體送至合法私營機構或殯儀館存放。此時不需要將遺體送往公眾殮房進行解剖分析。家屬應考慮喪禮的安排，並選擇適合的殯儀服務。

資料來源：毋忘愛

無人認領遺體

在香港，當出現無人認領的遺體時，政府會根據既定程序進行處理。這樣的情況多見於無家者、獨居長者或其他失去親屬聯繫的個案。

無人認領的遺體通常由警方或其他相關部門負責送往公立醫院的停屍間進行存放。這是初步的處理步驟，旨在確保遺體有合適的存放環境。此類遺體多數來自街頭、救護車運送或醫院內自然死亡的個案。警方會同時開展調查以確認死者身分，並嘗試聯繫家屬。

若警方或相關部門無法聯繫到死者的家屬，政府會發佈公告，尋找死者的直系或近親家屬。公告內容一般包括死者的基礎身分信息（如性別、年齡、死亡時間與地點）。公告通常會通過報章、政府網站或相關社會機構發佈，目的是讓家屬得知消息並前來認領遺體。若經多次公告後仍無家屬出現，政府會將遺體視為無人認領，進入下一步處理程序。

對於無人認領的遺體，香港政府會安排簡單的火化程序，並將骨灰存放於公立骨灰龕位中。

為避免發生這樣的情況，長者或獨居者應提前通知其緊急聯絡人，或委託信任機構，在其身故後認領遺體。應提前記錄自己的基本信息與家屬信息，以便在去世後讓有關當局聯繫到相關人士。無家者或孤寡人士可向社會福利署或非政府機構求助，確保相關安排。

處理原則

火化過程以最基本與簡化的儀式進行，以節省公共資源。骨灰會存放於政府設立的公共骨灰龕位，供後續可能出現的家屬認領。骨灰通常會長期存放，政府不會隨意處置，確保家屬日後仍有機會領回。

及後認領遺體

若死者家屬在公告發佈後出現並希望認領遺體或骨灰，需提供以下文件：

- 政府公告文件，證明死者身分與公告內容一致。
- 家屬身分證明，如香港身分證或其他證件，證明其與死者的親屬關係。
- 其他補充文件（視情況而定），如死者的出生證明、家屬的聯繫信息等。

無人認領遺體的處理流程

步驟 01

確認身分

當病人在公立醫院去世或警方發現遺體時，醫院會根據入院登記資料聯絡死者的親屬以進行認領。如果無法聯絡到親屬或沒有相關資料，醫院將尋求警方的協助。

步驟 02

尋找親屬

警方接獲醫院的要求後，會安排警務人員前往死者及其親屬的最後已知地址進行查詢。如果找到死者的親屬，警方會請他們聯絡醫院進行遺體認領。警務人員會將查詢結果告知醫院，並在未經親屬明確反對的情況下，將親屬的聯絡資料提供給院方。

步驟 03

轉交食環署

如果經過上述程序後仍然無人認領遺體，醫院會將遺體轉交給食物環境衛生署。食環署將按照既定程序處理這些遺體，包括進行火葬或土葬。

步驟 04

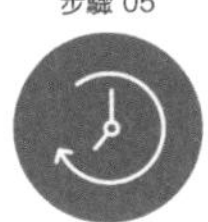

驗屍程序（如適用）

若遺體身分無法確認，警方會展開調查，包括對遺體進行驗屍，以確定死因。驗屍完成後，遺體通常會在殮房存放一個月。

步驟 05

處理無人認領的遺體

在存放期限內，如果仍然無人認領遺體，殮房會通知食環署，並依照程序將遺體進行火葬或土葬。

資料來源：食環署

流產嬰

若不幸流產，家屬需要處理流產嬰的遺體。根據法律，流產嬰的處理方式取決於胎齡的長短，但每個選擇背後，都承載著家屬對生命的尊重與告別的意義。

醫院處理流產嬰遺體有相關的法律規定與流程。流產嬰遺體的處理以胎齡滿 24 週或未滿 24 週的區別決定。根據香港法律，胎齡滿 24 週的流產嬰需登記為死亡個案，視同一般死亡情況處理。醫院會出具正式的《嬰兒非活產證明書》。家屬需根據《嬰兒非活產證明書》進行死亡登記，並安排後續的遺體處理。醫院也會向家屬說明遺體處理的選擇，包括自行安排殯葬服務或交由醫院處理。若胎齡未滿 24 週，流產嬰不被視為法律上的死亡個案，醫院不會出具《嬰兒非活產證明書》。此時，由家屬自行決定是否處理遺體。

流產嬰的處理並不僅僅是一個法律問題，更多時候，它是一個家庭如何面對失去的過程。以下是家屬可作出的兩個主要選擇，及其考量因素：

（1）家屬希望簡單處理，或不希望再面對遺體，減少情感上的痛苦。醫院會安排遺體集體火化，通常不會單獨通知家屬火化的時間和地點，骨灰亦不會單獨交還。胎齡滿 24 週需提供《嬰兒非活產證明書》和父母的身分證明文件。

（2）家屬希望為流產嬰舉行個人化的儀式，藉此表達對短暫生命的尊重與告別，可自行安排殯葬。這種方式常見於有宗教信仰的家庭。家屬可聯繫殯葬公司，安排流產嬰遺體的火化或土葬。火化後，骨灰可存放於私人骨灰龕位，也可選擇撒入大自然。

流產帶來的情感創傷可能難以平復，家屬可以尋求心理輔導或支援團體的幫助，讓自己逐漸接受這段經歷。如果家屬有特定的宗教信仰或文化傳統，應提前與醫院和殯葬公司溝通，確保處理方式符合意願。

所需文件

- 胎齡滿 24 週需提供《嬰兒非活產證明書》。
- 父母的身分證明文件。

流產嬰的處理流程

步驟 01

確認流產

當孕婦出現陰道出血或腹痛等症狀時，應儘早就醫確認是否流產。醫生會進行超聲波掃描來評估胎兒狀況，確定是否為自然流產。如果確定為流產，醫生通常會建議進行子宮清刮術，以清除子宮內的懷孕組織。

步驟 02

領取流產胎

若胎兒在妊娠24週以下，父母可以向醫院申請領回流產胎遺體。根據《生死登記條例》，24週以上的流產胎需要由醫生簽發《嬰兒非活產證明書》以合法安葬。

步驟 03

火化或安葬安排

父母需自行聯絡殯葬服務安排流產胎的火化或安葬。若選擇火化，必須在獲批後，於指定日期將流產胎送往食環署的火化設施。申請人需準備符合尺寸要求的容器，容器必須用紙或卡紙製造，尺寸限制為長度不超過300毫米，寬度和高度均不超過240毫米。

步驟 04

申請火化

在火化日期前至少三個工作天，申請人必須攜帶以下文件親自前往食環署位於紅磡或跑馬地的墳場及火葬場辦事處遞交申請：
1. 已填妥的申請表格（FEHB326）；2. 由本地醫生或醫院簽發的「流產胎文件」正本及副本；3. 申請人的香港身分證正本及副本；4. 流產胎母親的香港身分證副本（如申請人並非流產胎母親）。

步驟 05

火化程序

在火化當日，申請人必須帶同正本文件交予食環署職員核對。每個火化時段約為兩小時，包括三十分鐘的悼念時間和一小時的火化時間。流產胎火化後如有骨灰遺留，申請人可選擇：自行撒灰在設施內的專用花園；由申請人自行保留；或交由食環署以體統方式處置。

資料來源：食環署

| 第三章 |

香港的喪禮概念與流程

大多數香港人對於殯葬程序模糊，甚至有誤解。這也不足為奇，因為死亡是一個忌諱話題，絕少人會主動提及，公眾缺乏認知，網上資訊參差，人們想了解多些生前身後事的安排，自然也無從入手。以下的章節，將深入淺出地介紹香港現行殯葬須知、過程及相關建議，供大家參考。

由於「無常」伴隨我們左右，本章節將講述本地喪葬的基本概念，簡要說明我們最後一程的安排，亦鼓勵大家閱讀後分享，嘗試以「常識取代忌諱」！

本章作者：鄺汝澍

生前身後事

筆者曾到過議員辦事處或社區會堂，向老人家進行善終講座。令筆者感到意外的是，原來不少上了年紀的人並不介意談論自己的身後事，只是每當講到這類話題，子女就會制止他們，認為「不吉利」。因此，筆者建議，在討論此等事宜時，讀者應與家人輕鬆地製造話題，例如閒話家常或同枱食飯時，開懷講，放膽講。不但要坦誠討論，還要將重點記低、適時規劃，免去將來喪禮安排上的疑慮及困難。

生前身後事的話題，包括：

- **選擇火化還是土葬：**雖然火化安排已經佔了本地的喪事形式超過九成，但其實香港仍有土葬地，價錢不一。
- **喪禮規模：**需要殯儀館守夜？還是簡單「院祭」？[1]
- **實際的價錢預算：**喪禮豐儉由人，應量力而為。
- **宗教信仰安排：**道教有喃嘸師傅打齋、破地獄；佛教有和尚或尼姑誦經；基督教及天主教可在教會舉辦聖堂彌撒或安息禮拜；亦可自行選擇自己的儀式。
- **火化後的安放問題：**申請龕位還是綠色殯葬撒灰？
- **殮葬時穿的衣服：**傳統壽衣、舒適睡衣、有型西裝、球隊衛衣？

---

1 「院祭」即非租借殯儀館的喪禮安排，例如醫院或公眾殮房之小禮堂或空間設施。

- **靈前相：**證件相片、手機生活照，還是趁有時間去影樓影一輯？
- **其他特別期望或要求：**有沒有想要什麼特別祭品（如紙紮跑車、卡通花籃）？希望當天到場的親友如何表現（麻雀耍樂、樂隊派對、美食到會）？

以上種種話題，生前有機會而不去討論，難道留待將來拜山時才說嗎？其實身後事，亦適合朋友間聚會閒談，當中還可以加入些黑色幽默。既然人終有一日要面對死亡，倒不如豁達地暢所欲言！當然，勉強無幸福，每人接受程度不同，百無禁忌的價值觀亦需要時間去推廣。無論個人的生前身後事如何計劃，我們也要活在當下、珍惜現在。

先人過身後兩至三個工作天，家屬就可以到所屬機構領取死亡文件。

死亡的到來

「節哀順變」應該是這樣演繹的：「節哀」可以哭，但不要太傷心，釋懷亦需要時間；「順變」是接受現實，面對往後安排，人還是要生活的。能夠作出正確選擇及決定，才能讓喪禮圓滿無憾。

喪事第一步

香港的情況，若先人曾在醫院留醫超過 24 小時而死因明確，會被歸類為「自然死亡」，醫院一般需要三個工作天準備文件。入院不超過 24 小時、死因不明或因意外身故等，則會被歸類為「非自然死亡」，因為要約見法醫及須向死因裁判官作出呈報，有關部門可能需要三至五個工作天，甚至更多時間才可準備好相關文件，但一般不會妨礙喪禮進程。因此，在未有文件處理喪事前，著急也是徒然，反而更容易作出錯誤判斷；最重要的還是放鬆，家屬應好好休息，待心情稍為平復才開始進行喪禮構思。家屬無須想得太過深入，只需要回想先人生前有否向自己交代其身後事：要簡單還是一絲不苟、大概有多少親友參與等等。在香港辦理喪事的殯葬商，都需要領取牌照，家屬下一步便是去諮詢殮葬商的意見，請他們提供協助以及安排配套。

如果摯親於醫院病房剛離世，在一般情況下，家屬可尋求當值醫護人員協助，在遺體未送去殮房之前親自為其抹臉、抹身或換掉病人衣服，這是最後一次能體貼摯親的機會；隨後遺體會被送到殮房，直至辦喪禮當日或特別安排，才可拿回遺體。遺體經過冷凍，日子愈久，體質多少都會有所變化，所以更衣、潔體化妝等工作，就得交給專業化妝師及土工同事幫忙。

喪禮安排愈快愈好？

喪禮安排刻不容緩，是否愈快愈好？重症末期或突發意外，不論摯親因什麼原因離世，家屬都一定會被哀傷、無助、不知所措等心情困擾。這時候家屬不應慌張，因為無論是火化還是土葬，在香港處理喪事都需要相關文件，有文件才能辦理正式死亡證、訂火化爐或安排土葬事宜。當然有不少人為求安心，摯親過身當天已經找殮葬商安排喪禮，少一件掛心事並無不妥，但也不需著急，因為香港有七間殯儀館及過百長生店可以幫忙。

何時才是辦喪禮的最佳時機？首先，以香港的殯葬流程，喪禮快則可於一至兩星期內舉行；若超過一個半月甚至兩個月，則為不理想，因為遺體存放於殮房時間愈久，愈有機會出現變化；囤積遺體亦會影響殮房運作。喪禮正式開始籌備，重點是相關文件的簽發：即醫院簽發死因的相關文件，或死因裁判官簽發《授權埋葬／火葬屍體命令證明書》（俗稱「法醫紙」），因為要有以上文件，方可以預約火化爐或辦理落葬事宜。如能夠配合政府火化爐或殯儀館的時間，都建議儘早或一個月內完成喪禮最為妥善，因為既有足夠時間籌備及通知親友，先人遺容亦能夠保持良好狀態，家屬心情也能稍作平復。個別情況例如遺體有嚴重創傷、經過解剖處理或夏天安放於公眾殮房，以上問題都會令遺體腐化加快，適合儘快安排喪禮。

| 現時紅磡區一帶，是本港長生店的集中地。

接觸殮葬商

喪禮沒有第二次機會重來。今時今日，人生大事都可以有下一次機會，唯獨喪禮做得不好，家人會惋惜遺憾一輩子！所以我們從事殯儀業工作的壓力，是要確保每個程序及安排都沒有錯漏，以及有意外時需要立即補救。然而，外間對這個禁忌工程所知甚少，還得靠殯儀行業從業員的道德與操守自律。

市民應儘可能選擇有信譽的殮葬商。而信譽並非「自吹自擂」，不少同業努力做好口碑，口碑好自然有「回頭客」！所以，需要幫先人辦喪禮時，不妨詢問親友間有沒有信譽良好或口碑好的殮葬商介紹。

香港持牌殮葬商分為兩類：（1）可擺放棺木、沒有禁止在持牌處所內暫存骨灰，包括殯儀館在內的長生店或殯儀公司；（2）不能擺放棺木、不得在持牌處所內存放骨灰的長生店或殯儀公司。

了解喪禮需求

包括七間殯儀館在內，港九新界共有過百間長生店或殯儀公司，當中亦各有不少服務經理 / 殯儀策劃師 / 行街 / 中介等。殯儀館通常只安排喪禮；而長生店或殯儀公司的經營模式則有所謂「一條龍服務」，意思是由辦理死亡文件開始至喪禮完成、租借七間殯儀館設靈，以及喪禮後的葬儀或骨灰位跟進等。

消費者委員會曾經作過研究，表示香港殯儀服務欠透明，亦沒有劃一收費。原因很簡單，七間殯儀館內各大小禮堂房間的租金、服務費、火化爐租金等已有很大出入，而其他喪禮儀式與祭品的配搭、棺木選擇、服務質素等變化亦各有不同。因應經營者的安排及消費者的要求，自然沒有劃一收費。看似複雜，但不要忘記，喪禮其實是豐儉由人的！

在辦喪禮前，家屬需要清楚先人或自己的要求：土葬還是火化？預計有多少親友出席？有沒有宗教信仰儀式？有否找對殮葬商，就視乎洽談中的講解是否清楚、殮葬商有否提供多元意見、價錢是否合理。一切談妥後，才落實簽訂合約。家屬諮詢殮葬商後應該多點安心，而非疑慮。

| 道教的神壇；佛教的佛像；基督教及天主教的十字架。

宗教儀式及相關準備

影響喪禮預算的，除殯儀館靈堂大小、棺木類別外，就是宗教儀式的選擇。現時香港喪禮主要有四大宗教儀式的選擇，即道教、佛教、基督教及天主教；其餘就是無宗教的「維新」、台灣的「天道」、「日蓮正宗」的分支「創價學會」等。其餘潮州、鶴佬、福建、客家法事都歸類為道教或佛教，價錢亦會因為祭品及師傅人數不同而產生差距。

- **道教：**一般以「正一派」喃嘸先生主理打齋法事。據先人年齡及死亡原因等因素，可選擇有「破地獄」儀式的「武齋」或以誦經為主「五路燈」儀式的「文齋」；儀式中要配合大型紙紮品，所以亦需付殯儀館火化爐租金。
- **佛教：**以誦經儀式為主，可請大師（和尚）、比丘尼（尼姑）、藏傳佛教的喇嘛或泰國寺廟僧侶負責。有否紙紮祭品、燒紙錢就視乎家屬意願，甚至可安排一位喃嘸先生為先人「開路」領受祭品及功德。
- **基督教：**由牧師或傳道人率領詩歌班主持「安息禮拜」，除可於殯儀館辦喪禮，亦可以安排於教會聖堂舉行。
- **天主教：**由神父率領善別小組主持彌撒或禮儀，除可於殯儀館辦喪禮，亦可以安排於先人所屬堂區聖堂舉行。

- **維新：**喪禮安排比較彈性及個人化，可安排傳統上香鞠躬、獻花追思會、美食到會、樂隊演奏或播放生活片段等等。

每一種宗教喪禮儀式，亦是豐儉由人的。假設喪親家屬已經找到合適的殯葬商安排喪禮，還有事要顧慮嗎？委託殯葬商辦理喪禮後，家屬理應於訂殯儀館禮堂及火葬場、祭品及儀式安排上都不用操心——當然亦視乎不同殯葬商服務的優劣。餘下需要做的事，就是幫先人揀選一張合適的靈前相、傳統儀式預備一袋陪葬衣物、請師傅計算好的回魂及頭尾七日子、決定需要的加配祭品及特別安排等，直至喪禮到來。

| 殯儀館工作人員正準備靈堂設施及佈置

設靈之日及守夜

從前先人逝世在家裏發喪，子女回家奔喪，親人留守在旁，當晚至翌日大殮、出殯、落葬。而現今，大眾已改在殯儀館設靈，先人遺體由殮房移師至殯儀館，守夜亦於殯儀館內舉行。守夜讓家人待在一起，分擔悲痛，親友亦可到來致祭安慰，見證先人的一生遊歷。

設靈守夜當日上午，一般情況下喪禮已經預備妥當，殯葬商將從醫院或殮房接回遺體，或早已因某些原因預早送到殯儀館；遺體會送到禮堂靈寢室，化妝師會為遺體清潔化妝，穿好適當衣服。靈堂內佈置、祭品、花牌等一切準備就緒。

下午，無論是中式或西式喪禮，家屬皆到達禮堂。堂倌為眾子孫上孝服，門口設有簽到枱，親友準備代收帛金。接著其他親友陸續到來致祭。按照不同宗教信仰，進行各種儀式，至晚上 9 時 30 分，絕大多數家屬已經可以離開殯儀館回家休息，孝服則留在靈堂內代為守夜，翌日再回來進行大殮儀式及出殯。

不少家屬都擔心先人妝容。香港殮房溫度是攝氏零度以上的，所以不需將遺體解凍。遺體化妝師接過遺體後片刻，基本上已經可以直接為先人化妝，回復其安詳、自然的容貌。

家屬及親友皆不應說「多謝」及「再見」，以「有心」及「慢行」取而代之。「吉儀」是主家給客人的答謝禮，即「白利是」，不帶回家，所以亦沒必要代別人收取。生日、月事亦可以致祭，畢竟是親友最後一程，沒有第二次機會。身體不適就要量力而為，只怕哀傷激動導致體力不支，阻礙儀式進行。靈堂若冷清可以逗留久些，陪伴家屬，相反人多擠迫亦可以先行告辭。殯儀館並非鬼屋，不必迷信多疑，總之心安理得，自然百無禁忌。

| 瞻仰遺容是先人出殯日重要的儀式

需要通宵守夜嗎？

今時今日，因儀式簡化及治安問題，已經很少人會於殯儀館通宵守夜。絕大多數守夜設靈，都會於晚上 10 時前完結，但殯儀館是容許家屬通宵留守的。若家屬希望通宵守夜，需要守該處規矩，多數殯儀館 11 時後便會落閘，只許出不許再入；部分殯儀館亦需要家屬簽妥同意書，有任何設施毀壞均需要賠償。每間殯儀館都有一至兩名職員留守，半夜或清晨有機會巡邏，別被嚇倒。

一個好喪禮要做到陰安陽樂，尤其是要令家屬釋懷。

出殯日的儀式

舊社會的生活模式之下，比較少親友會選擇於守夜當晚致祭；家屬會通宵陪伴先人，至翌日出殯各方親友才聚首靈堂送別。所以當時流行於殯儀館細房守夜，翌日轉到大禮堂出殯，看上去更為體面。如今就沒這必要了，多數親友會在設靈當晚下班後到來致祭，翌日還需工作或有要事的就不會陪伴上山了。

出殯當天早上，家屬先到達靈堂穿回孝服，親友隨後到達，各儀式繼續進行。傳統習俗中，孝男會為先人「買水」，沒有男性後人就由喃嘸師傅以「大悲咒水」代勞。接著於內堂（靈寢室）進行大殮儀式，即將遺體及陪葬品放入棺柩內，再推出讓親友瞻仰遺容，蓋棺，最後離開禮堂。

從前離開殯儀館後往墳場落葬，入土為安；今天即以火化為主，親友們坐旅遊巴到火葬場送別先人。

院祭及「過境」安排

不少人因為親友不多、經濟問題、擔心傳染病影響或追求簡單等，而選擇不守夜及不需要殯儀館設靈。家屬可選擇於醫院或公眾殮房安排簡單儀式（院祭），然後直接將遺體送往火葬場或墳場，這可省卻相關設靈的費用。政府對綜援人士的殮葬津貼亦能涵蓋院祭的費用。雖然不使用殯儀館，但仍可於殮房範圍為先人化妝，進行買水、大殮等儀式；如需要舉行法事，則可另覓道堂補辦。

不過，大家亦要留意院祭環境和想像中有落差。自疫情後，不少家屬在洽談喪禮時，多了詢問有關院祭的詳情，絕大多數人都以為醫院內有小禮堂是必然之事。但其實香港還有不少醫院及公眾殮房，當初興建時沒想到將來會有在該地直接舉行喪禮的需求，因此並沒有預留空間及設施。

若醫院或公眾殮房中沒有小禮堂，瞻仰遺容等儀式，有機會要設在露天或半露天地方、停車場、殮房側，設備非常簡陋，而且可容納人數不多，亦有時間限制。曾有家屬對喪禮質素有要求，經筆者形容過後，發現該地方的實況及環境不佳，最終放棄院祭安排。

喪禮豐儉由人，這個絕對沒有錯，而有部分新興建的醫院或公眾殮房設有小禮堂，設備亦不俗。不過，在考慮作出院祭安排時，家屬必須清楚了解該地方的環境，以免因為現實與理想有落差而事後感到遺憾——畢竟喪禮沒有第二次！

至於「過境」，是利用殯儀館中午幾個小時的空檔設靈，沒有守夜，但可在該中午時段讓親友們前來致祭及舉行儀式，完成後便會出殯。程序由兩天變成半天，時間縮短了，價錢亦比較相宜，不同人士可各取所需。另外，於教會聖堂舉行喪禮程序亦大致相若，只是地點不同，安排需配合教堂及教會人士。

無論以任何形式辦喪事，是入土為安還是火化，先人都往自己的天堂去了。

| 部分公眾殮房院祭為半露天形式

| 不少舊式醫院在當年興建的時候未有預留地點作為院祭喪禮之用，只有殮房範圍外的空間可進行院祭，十分簡陋。

| 新興建或翻新醫院設施均有專門為喪禮而設的小禮堂，但需要預約及有時間限制。

喪禮後續至圓滿

對於整個殯葬程序而言，出殯後還有後續工作，而長生店的一條龍服務就是涵蓋後期的跟進 —— 這與殯儀館的服務有所不同。

傳統禮儀中，直系親屬如父母或是祖父母離世時，晚輩都會守孝三年，以報答其養育之恩。現今儀式已經從簡，守孝期已縮短至百日。畢竟傳統喪禮都以「孝義」為先，再衍生出各種儀式，這段時間家人理應收拾心情，好好生活，不要讓先人擔心！

無論從前或現在，土葬後需要等待該處泥土變得結實，才可以正式搭建墳墓，而且依照不同墓地，等候時間也會不一樣。傳統風俗中，還會請師傅進行「旺山」及「開光」儀式，先人可以受香火供奉，保佑後人，陰安陽樂。香港的土葬地分為永久、可續期及有時限，有時限的若干年後就需要安排相關的執骨服務，再作火化、置金塔或遷移。

進行火化的話，一般一至兩星期內，殮葬商就會將先人骨灰從食環處領回長生店暫時安放。若殮葬牌照不容許擺放骨灰的，就會請家屬申請政府臨時骨灰位，例如布袋骨灰會存放於葵涌，有骨灰盅的存放於和合石墳場設施內；家屬若不介意，亦可直接帶回家。無論家屬選擇自行處理或由殮葬商幫忙跟進申請龕位事宜，待揀好地點，擇日上位，同樣可安排儀式。

選擇骨灰撒海或撒紀念公園的，須向食環處申請。撒海的要注意船期，撒紀念花園的可以同時加放紀念牌匾及安排師傅進行儀式。

喪禮豐儉由人，但無論貴賤富貧，如果明天就走完人生的最後一程，你能無憾嗎？以上所述，是為了給大家一個本地喪禮的基本概念。人生最後一程會是如何，只要與家人好好溝通，將重點記低，就不需要接受捆綁式的預設喪禮安排了。

| 祭祀習俗是華人喪葬的禮俗文化

| 打齋儀式中的道壇

| 第四章 |

本地殯葬的忌諱、迷思及誤解

香港是一個中西文化交融的城市，但殯葬文化深受華人傳統習俗的影響，祭祀燒香、拜神信仰及相信有死後世界等概念在本地很常見。由於歷史和文化的多樣性，本地的殯葬儀式和禁忌也因此變得複雜多樣。

這一章將深入探討香港殯葬文化中的各種忌諱、迷思及誤解，並通過筆者入行以來的經驗和見聞，揭示這些禁忌背後的文化根源和心理機制。同時，希望讀者能夠撇除迷信，理解這些習俗的真正意義，從而以更開放和理性的態度面對生死議題。無論是守孝期的長短、壽衣的選擇，還是回魂夜的祭品準備，每一個細節都反映了人們對逝者的尊重和對生命的敬畏。

本章作者：鄺汝澍

守孝期及脫孝

傳統的殯葬禮俗，許多都因應時代變遷而簡化了。三、四十年前，守孝及脫孝至少要過「尾七」之期或「百日」；而今天，無論土葬或火葬，喪事完結後，家人就隨即「脫孝」及「纓紅」了，為的是方便工作，不影響他人，但守孝期一般維持「百日」。

有否想過，古時守孝期長達三年呢！百善孝為先，孝為八德之首，古時忠孝被視為衡量人品的重要標準，眾多殯葬儀式都源於「孝義」二字。至於為什麼是三年，《論語・陽貨》篇說：「子生三年，然後免於父母之懷。夫三年之喪，天下之通喪也。」孔子說小孩子需三年才能單獨走路，斷奶，離開父母懷抱，所以三年就是對於父母把我們撫養長大的報答。《詩經》說：「哀哀父母，生我劬勞。」從前當官的碰到父母過世，如果不馬上告假還鄉就會被彈劾，嚴重者可能永不錄用。「守喪三年」這個制度，連皇帝也要遵守。而一般百姓，三年內不得嫁娶，不慶祝節日，不剪頭髮，不可去歡樂場所，不進入別人的房屋及寺廟，不參與任何紅白事，甚至還會結廬守葬。今時今日我們經過香港仔或荃灣的華人永遠墳場，看到後山那些整潔及莊嚴的家族墳墓，會發現一些被稱為「墓廬」的建築物。古時的人於父母或師長死後守孝三年，服喪期間就墓旁搭蓋小屋居住，守護墳墓，「墓廬」就他們居住的小屋。

今天守孝期由三年縮短到百日，規範守孝中的子女不能參與親友的紅白二事，做禮也不能，但可以後補。這是因為白事是禁忌之事，害怕對別人有所沖犯；另外，亦是因為想報答父母養育之恩。坊間流傳不少禁忌，例如喪禮完結之前不能洗頭理髮，認為先人會於地府喝到洗頭的污水 —— 筆者入行後到處打聽，沒有前輩知道原因及出處。從前守孝三年，就已經不能剪頭髮，歸納守孝背後意義，筆者認為只是想要我們認真對待守孝期而已！

| 我們經過華人永遠墳場時，還會發現不少家族的「墓廬」。

戴孝文化

從前父母過身，子女就需要「戴孝」：男士們胸口戴的「黑紗」；女士們戴「頭花」，白花代表配偶、女兒及媳婦，藍色代表同姓氏的內孫女，綠色代表外孫女。另外，還以過世的是父親或母親而分別扣於男左或女右位置。時至今日，喪禮舉行時，家屬才會於靈堂內堂倌或長生店工作人員處收到黑紗及頭花，為先人「戴孝」。

若讀者小時候曾經歷過長輩去世，可能有記憶自己曾「戴孝」上學。只是時代進步，喪禮儀式程序也因而簡化便利。現時，只要出殯日當天完成了葬禮或火化禮後，家屬一般會隨即「脫孝」，脫去黑紗及頭花並進行傳統「纓紅」儀式。接著

| 男士戴黑紗，女士戴頭花。

主家會安排一頓飯，去慰勞送別先人的親友，即「纓紅宴」或「纓紅飯」，這傳統習俗取自完成白事後應接紅事的「意頭」。至於「英雄宴」或「英雄飯」，則是坊間口耳相傳之誤稱而已。

戴孝有忌諱，喪禮期間如果家屬遺失了黑紗或頭花，都不需要換新的戴上，因為是白事，「孝」只戴一次，絕不「重複」。

壽衣與孝服的迷思

傳統喪禮中為何有「壽衣」？為何子女要穿「麻衣孝服」？這源於古時醫學並不昌明，疾病難癒，生命脆弱，人活到六十歲便算長壽，能走完「一甲子」即六十年循環。為隆重其事，古人會於六十大壽時揀選家裏最好的布料做衣服賀壽。故往後先人過世，自然穿著最好的那件離開。從前入土殮葬，陪葬衣物不像今天火葬般付諸一炬，壽衣穿在先人身上不被認為是浪費。後來人愈來愈長壽，亦會於在生時為自己預做壽衣，認為能夠添壽及為兒孫增福！

父母逝世，兒女則穿家中最差的衣物送喪，最好的給摯親上路，而最差的留給自己，以表孝義。古時，「麻」是最差衣料，「壽衣」及「麻衣孝服」就由此而來；亦因為這個前設，今時今日坊間的白衫褲、白布鞋其實並非「孝服」，只是某些籍貫人士子侄眾多，如潮州、福建，為了方便於喪禮中識別而穿著。需注意的是，不同地區、家鄉、籍貫的孝服也有分別。

傳統壽衣按照古時祭祀規格，男士的包括內衣、內褲、面衫、面褲、長衫、馬褂，共六件；女士的，馬褂變成裙、褂，共七件。除自行訂造外，坊間亦有不同顏色及質素，最高級的甚至有絲質可供選擇。今天喪家在靈堂的傳統服飾依舊以麻衣孝服為主，包括粗糙的扣服加上披麻，而「披麻戴孝」的「戴孝」就是前述的男士胸前戴黑紗及女士戴頭花。

| 傳統樣式的壽衣 —— 絲質

| 女性壽衣七件

| 男性壽衣六件

西式壽衣

現成傳統壽衣，男士六件、女士七件，前者配帽子，後者配繡花鞋，均附手巾、摺扇。家屬一般都願意以傳統樣式的壽衣作為六十歲或以上先人最後一程的禮服，當然總有例外。若先人未滿六十歲穿著壽衣的條件、家屬略嫌傳統款式不合時宜，或進行西式喪禮，本地長生店及喪物店舖除了現成傳統壽衣外，還有套裝「西裝」可供選擇。內裏亦是鬆身的剪裁，恤衫、西褲、外套及領呔，可配合火化，鞋由布料及紙質製成，以銀包、證件及信用卡等取代手巾、摺扇，讓先人有多一個選擇，裝身上路。

| 西式壽衣 —— 喪物店舖的西式禮服

雖然孝服只披在喪家身上，但所有出席喪禮的人士，在喪禮期間的衣服都應以素色為主：黑、白、灰、藍、啡也好，切忌紅紅綠綠、穿金戴銀這些喜慶裝扮，以示尊重及孝義；適宜著長褲，取「長命富貴」之意。

華人臨終的最大忌諱：無子擔幡買水送終

「擔幡買水」的「幡」是白色柳幡，棍端綁有白色長紙條隨風飛揚，用以引領亡靈升天，通常由先人的長子嫡孫擔著。傳統喪禮重孝道，古時「買水」是指大殮之日，天未光之時由孝子提著長燈籠，拿小錢扔入河中，再用缽裝清水回家為父親淨身，讓其有個潔淨的身軀上路！

到了今時今日，「買水」儀式變得簡單。殯儀館內，堂倌會協助孝子將硬幣放於盛水盆中，通常是五元硬幣，取「五方」意思；盆內注入清水後，為避免弄濕先人安祥的妝容，會沾濕白布，在先人面部象徵式地掃上三次，以示潔淨亡靈。

「擔幡買水」習俗亦有規限。古時重男輕女，而且男性代表家族的傳承，女性會外嫁，故「擔幡買水」只能由男士負責，有錢人家甚至會聘請「孝子」代勞。就算是男性，一生人亦只能買水兩次，通常只留給自己父母。所以，若遇上先人無子女、只有女兒、兒子不在、兒子信奉其他宗教等情況，都會導致大殮時無法完成這個儀式。

不過，本地殯葬文化隨著社會變遷，亦與時並進。若先人沒有兒子，除了可由女兒進行外，普遍都由喃嘸先生代勞，一般以「大悲咒水」為先人灑淨。喃嘸師傅唸唸有詞，同時化符或以碌柚葉請神明潔淨符水，再灑在先人身上，讓其有個潔淨身軀上路。大殮時填補了這個無人買水的缺失，同時安撫了家屬情緒。

此外，大殮當日，堂倌先生會手執大葵扇協助完成儀式，是源於古時孝子往河邊「買水」時，葵扇作撥開草叢開路之用，流傳至今。

擔幡買水的長燈籠、水兜、買水的錢幣及葵扇。

大悲咒水的淨水符

招魂與回魂

招魂燭與報喪燭的誤解

家裏有人逝世，傳統習俗會於家宅門前燃點一支蠟燭於鐵桶內，不少人認為蠟燭作用是「引路」，有如招魂，讓剛過世的親人回家 —— 其實這是誤解。香港每天有超過一百人自然或非自然死亡，到處都是蠟燭，先人怎能識別自己的家？其實，這稱為「報喪燭」，目的是讓鄰舍街坊迴避，以免沖犯。今時今日香港的居住環境未必容許我們於家宅門口燃點蠟燭，眾人也可用一條白布或白色長毛巾綁於門口或鐵閘上取而代之，意義一樣。至於報喪燭或白毛巾，只要擺放至喪禮當日為止，並將之遠離家宅棄掉，而且愈遠愈好，象徵白事遠離。

頭尾七與回魂的誤解

坊間常有的誤解，就是將「頭七」與「回魂」混為一談。先講「頭七」，道教相信人有「三魂七魄」，先人過身當天起計第七日為頭七，即第一個「七」，寓意七魄之一會離開，如此類推。若先人是星期一過身，即未來七個星期日就是頭七、二七、三七，如此類推，直至尾七。從前家屬會選擇在這些日子為先人進行打齋法事，特別是尾七，給最後一個魄離開前作最好的關顧及準備，達至心安。

| 報喪燭目的是讓鄰舍街坊迴避，以免沖犯。

再說「回魂」，是以先人過身時的日期及時辰，再計算出第九至十八天某兩個時辰內由鬼差（牛頭馬面）押解先人回家逗留、見家人的時間。該晚家屬會在家擺放回魂祭品及先人生前喜愛的食物供其享用，先人再由鬼差帶走離開。當晚各人均會早點入房休息，免得沖撞先人。信則有不信則無，多年來回魂被電影渲染得可怕，包括地下有腳印、生果有牙齒印等，但其實先人回魂以何形態出現，真的有人見過嗎？

俗稱「黃榜」（原為「陰榜」）的先人資料告示，上面寫有先人籍貫、生終時日、回魂、頭尾七、百日及出殯日相沖生肖等資料。

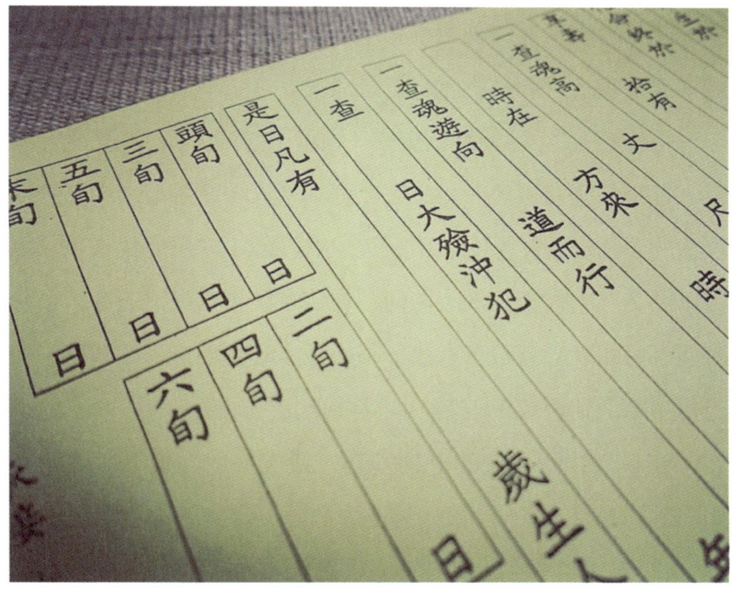

回魂祭品與回魂夜的迷思

親人剛過世，師傅會先計算出先人在哪天晚上及時辰回魂，家人都會準備豐富的「拜回魂」祭品，好讓先人可以飽餐一頓。傳統祭品包括：熟雞一隻（有頭有尾）、白肉（豬肉蒸或烚熟）、鯪魚（不打鱗不劏肚兩面煎封）、齋菜、生果、白飯、茶、酒、先人喜歡的餸菜甚至糖水等等；另外，會給鬼差準備白飯、白肉、鴨蛋（鹹蛋）、酒等。回魂祭品中不可以有牛，因為鬼差之一是牛頭馬面之牛老兄；有些人甚至說羊及鯉魚也不可，因為是神物化身。

於先人生前吃飯位置擺好祭品，加個臨時香爐，上香叫先人稍後享用，給鬼差的祭品則放在地上或枱底；時辰到，家人會早點回房間休息以免沖撞，翌日早上再清理所有祭品及用具。此外，現今拜回魂也不局限於家屬或先人本身住處，亦可於安靈後到道堂或長生店設置祭品。

古人對逝世親人甚為重視，加上物質上沒太多選擇，所以三牲祭品（豬雞魚）是必然之選！今天呢？客人之中有些很理性的：我母親從不吃魚！父親只喝紅酒！以魚生代替多骨魚可以嗎？豬肉太肥，瘦肉如何？炸雞呢？物質豐盛的今天，又有何不可呢？心意沒有對錯，不過是「心安理得」四個字，但記得多準備一份給鬼差們，而且牛肉定要避免。

分享有關回魂夜的一樁軼聞，傳統擺放回魂祭品的枱底下，那份供鬼差們享用的小祭品，是一碗有酒的白飯加上白肉、鴨蛋。與其說是享用，其實是想要鬼差們爭食，甚至醉倒，好讓先人有多點時間停留在家。在今天物質富裕的社會，真的不能想像古人有這樣「攪鬼」的陰謀！

回魂祭品的趣談

入行以來，從沒有聽過家屬說先人回魂當晚會咬下祭品、留下腳印、有鎖鏈聲音等電影情節，畢竟流言與現實從來都是兩碼子的事，只怪我們從小就受到電視劇或電影渲染。而最多發生的，只是有家屬睡夢中見到先人而已，我稱之為「日有所思，夜有所夢」。當然，世事無絕對，在此不討論真假。

| 傳統的回魂祭品

記得有次與家屬談及同樣話題，這位家屬分享了自己家人回魂的經歷，深信先人確有回家，只是化作一隻「昆蟲」，斬釘截鐵地說家裏門窗都是密封的，昆蟲無可能入屋！我追問是什麼昆蟲？他說是甲甴（蟑螂）！當時他堅定的眼神配合尷尬的表情，以及矛盾的肢體語言，令我印象深刻。我再說，家裏有甲甴不足為奇啊！他說家裏平日沒有擺放多少食糧，不可能有甲甴存在。我沒有再追問，亦沒有進一步考究、否定，只是覺得假如是真的，當你期待至親回魂一刻，他竟化作甲甴，其實是一件傷感的事，無必要爭拗，向他的傷口灑鹽。事後細想，若我死後要回家看家人，而且必須要化作某一種害蟲，我必定會好好隱藏，因為有機會是「找死」之旅，可能會被家人再打「死」一次！

喪禮細節的忌諱

喪禮日期及「出小喪」儀式

火葬未流行以前，香港以土葬為主，而且重視曆法，會考究當日是否適宜安葬。這等考究非像喜事般要擇什麼良辰吉日，而是要避開一些「破日、重日、重喪、複喪」等忌日，避免對家屬沖犯重複喪事的意思。當然，信則有不信則無，西方信仰中沒有這類忌諱。話雖如此，從前的人有一套方法——「出小喪」，可在此情況下化而解之。

|「出小喪」儀式，以小型道具紙棺或長形紙盒象徵棺柩，及人形剪紙象徵過身先人。

「出小喪」的儀式如下：模擬一個喪禮出殯的情況，配合堂倌宣示及喃嘸師傅進行儀式，以小型道具紙棺或長形紙盒象徵棺柩，及人形剪紙象徵過身先人，將之送出靈堂隨後火化，寓意將所有忌諱藉著道具先行送走，到正式出殯時該先人及其家屬已經不受忌日的禁忌影響。

何時開始有「出小喪」儀式，經已無從稽考。現時香港超過九成的遺體火葬雖然不常見「出小喪」，但仍偶有出現。在本港，遺體火化後，骨灰並不像土葬般即時長埋地下，而是需要一段時間才能安放骨灰龕位，所以曆法中的忌日對火葬禮影響不大，主要是安放骨灰之日才會擇好日辦事。不過，在老一輩的觀念中，儘管並非土葬，但他們依然有機會對這些忌日有所介懷，故客人可於喪禮中安排「出小喪」儀式，讓各人求個心安，喪禮亦不用延期舉行。

吉儀的應用

「白利是」即「吉儀」，教會稱為「謝敬」，內裏有紙巾、一粒糖及一元硬幣，其實是喪家給送殯人的一種謝意。今天用紙巾取替從前的毛巾，讓送殯人抹臉或眼淚；糖是為減輕各人失去先人的苦澀；因為是「利是」，所以有一元硬幣，由於「好事」才成雙，單數代表「有去無回」。對於那枚一元硬幣，坊間還有不少演繹，例如眾人送帛金均是整數加一元，如一百零一元、三百零一元，以避免收到吉儀那一元後餘數為九，喪事「長長久久」不吉利。

| 吉儀一般分為傳統及教會款式，一些專門辦理個性化喪禮的殯儀公司還可以度身訂造。

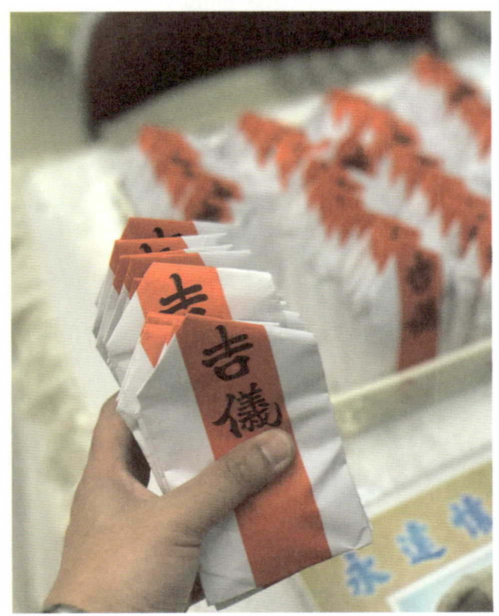

究竟可否帶喪禮取得的吉儀回家？我們殯儀從業員「百無禁忌」，有時候背囊及袋裏都會放置了少量而未有時間處理，不知不覺就帶回家了！但作為「白利是」，若想避免忌諱，喪親家屬的確不宜把吉儀帶回家中。由其他人代表自己出席喪禮而沒有親身到場的，亦可以不用索取。取得吉儀後，一般做法是於離開殯儀館或回家前將內裏的糖、紙巾及一元等所有東西處理或用掉，而替其他人代取的吉儀亦適宜如此，甚至不用拿取。

喪禮期間的飲食

傳統認為，人過身後「三魂七魄」之中的其中一魂會被鬼差（牛頭馬面）押解至陰間。所以喪禮期間，家屬適宜戒吃牛肉，甚至可以考慮齋戒茹素，減少殺生，為先人積陰德。這視乎家屬的決定，信則有不信則無。

陪葬品及衣物的忌諱

傳統喪禮上，我們都會執拾部分先人生前喜好的物件以作陪葬，意思是陪伴先人上路，以及讓先人在陰間有衣服替換。但火化盛行的今天，除了因棺木空間有限外，還要配合火化的限制，不宜放置太多金屬及膠質物品；金屬拉鍊、皮帶扣、波鞋等是容許的，但貴金屬等筆者都會勸喻家屬自己保留作傳承，打火機、壓縮氣體及電池就一定不可以放入火化爐。

另外，無論是土葬還是火化，在生的人的照片都不建議放入棺木內，因為有陪葬的意思。

至於陪葬衣物，我們一般都會選擇先人生前穿過的，避免買新衫，這是因為擔心他不知道這是自己擁有之物。一般都會選擇先人生前喜愛的衣服，其次就是四季衣裳，選擇適量的數目，大殮當日放入棺柩中。偶爾會有家屬親戚叮囑，要特別處理先人的陪葬衣物，包括剪走鈕扣或縫上衣衫褲袋等，因為有些人相信鈕扣的「鈕」代表樓宇的「樓」、衣衫褲袋會帶走錢財，處理掉之後，先人的物業及錢財就會留給子孫，不會被帶走。筆者從不叮囑家屬做這種事，因為「信而不迷」及「將心比己」，自己最後一程的物品被人糟蹋，必定無奈及難受。

| 一條藏有上路錢及乾糧的腰帶

靈堂內的忌諱

不同宗教的喪禮宜忌

淺談一下本地主要宗教的喪禮宜忌。香港有宗教自由，但各處鄉村各處例，不同地方的相關喪葬規範做法不同，切忌將自己信仰強加於別人身上，應該互相尊重，免生事端。

西方信仰如天主教及基督教，信徒過身後其靈魂會返天家上天堂共享永樂，所以不需要燒紙紮及紙錢，靈前祭品也不需要；儀式及流程都有相關教會規範作配合。天主教可按照華人傳統上香，因為上香屬於禮儀而非迷信；基督教就不能。

道教相信透過人為修煉，死後可以「羽化升仙」，一般人按照自己的功德福報投胎轉世、往地府受罰或往「朱陵府」[1]與祖先團聚，所以我們會準備紙錢、紙紮等讓先人於另一個世界生活無憂；佛教生死觀念中，人只是一個臭皮囊，萬般帶不走，死後因應生前作業及功德而「輪迴轉世」，有足夠德行的人就會「往生淨土」，所以嚴格來說不需要紙錢及紙紮等死後世界的物品。有趣的是本地人普遍混淆佛教、道教觀念，這個現象亦見怪不怪，基於道教於華人社會幾千年文化，祭祀、祈福、燒紙紮的觀念根深蒂固，佛教後來傳入中國，雖說一切皆

1　朱陵府就是所有人的祖先魂魄升仙後的住處。

| 不同宗教信仰的喪禮儀式及祭品亦有規限

空，但凡人一直受物質薰陶，家屬常準備厚禮送先人上路，為的只是「心安理得」。道教喪禮會於靈堂放置拜神及先人的三牲祭品（豬雞魚），牛肉不能放靈前；佛教喪禮的祭品只適宜放齋菜，尊重大師和尚替先人誦經。

月事忌諱

靈堂內有一謬誤，聲稱女性家眷來月事時需要腳綁紅繩，目的是防止「鬼上身」——其實非也，此舉是為方便師傅及親友識別，免去該位女性上香及參與儀式。因為拜神習俗

| 靈堂內女性家眷小腿上的紅繩

上，女性經血視為不潔，上香、做儀式都不適宜。亦因為這樣，堂倌這份工作因常在靈堂內帶領家屬進行各種儀式，所以甚少有女性擔任。綁紅繩現用作識別，但其實從前有實際作用！曾有講法，尼姑及女性道眾之所以能夠處理法事，是因為她們的衣著關係，下裳是束腳褲至襪筒，能防止經血流出，所以在沒有衛生巾的年代，女性家眷雙腳綁紅繩是有實際作用：紅繩有如襪筒束腳，避免經血從褲管流出。如要上香，需要手握一支無燃點的線香搓手，以示潔淨，完畢後才可正式點香拜祭，若曾到過洗手間清理月事，以香搓手動作亦要再做。

所以今天於拜神儀式而言，綁紅繩是識別多於其實際作用。月事忌諱亦延伸至所有拜神祭祀，女性家眷不入神廟參拜。到殯儀館致祭的女士若碰巧來月事，因為不需要直接參與儀式，所以就不用綁紅繩。想避免尷尬，可以不上香或簡單鞠躬行禮就可。其餘宗教就不受此限。

懷孕家眷的護身符

靈堂內為保護孕婦胎兒，傳統做法是準備一份「薑柏」。當中包括一封由長輩提供的利是、一片扁柏、一對紅筷子、薑等，以紅繩綁於孕婦腰間，以示保護胎兒。喪禮後，保留紅筷子及薑，並放於家中祖先靈位或神台上，待嬰兒出生後，用紅筷子夾第一口食物沾到他口中，流質食物如奶亦可；薑用來煲水洗澡或食用。

家中有成員生日，亦可以出席親人喪禮，因為家屬會於喪禮期間「上孝」，俗語有話「一孝擋三煞」，實質百無禁忌。至於親友，個人認為生日每年一次，亦可以提前或補回慶祝，而先人喪禮沒有第二次，應該好好珍惜。只是緊記衣著也請以黑、白、灰、藍、啡等素色為主，以示尊重。因為並非喜慶之事，太過花枝招展或過分暴露也不適宜。

| 喪禮期間懷孕家眷需腰纏薑柏

靈堂内說話的忌諱

避免在言語上得罪別人，靈堂內應講「有心」代替「多謝」，不說「多」是因為白事一單就夠 —— 尤其是有白事在身的喪家。離開時不講「再見」，因為大家都不希望在殯儀館相見，簡單「掰掰」就可以，或講一聲「慢行」就最適合。

朋友之間見面交談，都避免說「很久不見」等字眼，因為沒有人想於殯儀館見面，當中必有喪事。

平民護身符

基於不少人認為殯儀館及墳場等屬忌諱之地，民間風俗相信一個人時運低或身體不適時，都不宜到殯儀館等地方，所以不時也會看見親友自備「百解符」前來致祭。我個人沒有意見，信則有不信則無，送別人最後一程是心意，心安理得最緊要，但「百解符」是什麼？怎樣使用？

「百解符」除可以消災解難外，還可以作祈福之用。相傳道教正一道的張天師最先運用此符，後流傳於民間普遍使用，百姓不用事無大小也找師傅解決問題，正如成藥一樣，小病可自行治癒。

「百解符」分「大百解」和「小百解」，大紙符分四層。由上而下，最高層為張天師騎虎像，印著「斬邪治鬼」，有辟邪趕鬼作用；另一方印上蝙蝠及鹿代表福和祿；下方印有八卦圖和一個六十四卦的方圓圖，印著「天星火官除毒害」和「八卦水神滅凶災」等句，即消災避凶及福祿雙收。

第二層是「大聖消愆證果滅罪天尊　洪恩消災解厄赦書」，有「十赦」的功效，即「一赦千年罪、二赦萬年愁、三赦流年病、四赦水火災、五赦盜賊患、六赦兒女慮、七赦前生債、八赦口舌非、九赦宅舍刑及十赦散安寧」。若用於祈福，必須依照表內的空格，分別填上其姓名、地址、出生資料及祈福的日期。若用以化煞，則不要填寫。這部分亦可單獨使用，稱為「小百解」。

第三層是五道趨吉避凶金牌，包括「賜福祿壽金牌、免災厄金牌、免刑厄金牌、免凶星金牌及免諸難金牌」。

第四層與第二層一樣可單獨使用，亦稱為「小百解」。有「十二解」的作用，即「一解十災百難、二解四季凶星、三解百無禁忌、四解瘡疥跌星、五解官非口舌、六解家宅不安、七解水火賊盜、八解日上凶星、九解不祥之兆、十解夫妻不睦、十一解鳥立惡捲交、十二解百病消除」。祈福者做法亦如第二層一樣。「小百解」功效雖然沒有「大百解」用途廣泛，但由於面積較小易於攜帶，一般香燭祭品舖會分開發售，出入殯儀館的親友大多數亦是佩戴「小百解」。

無論大小，「百解符」用法，是在身上從頭到腳重複掃過三次，再將之火化掉；如到過一些不太吉利的場所，回到家前燃點後跨過，也有辟邪作用。

筆者不會質疑或否定傳統留下來的東西。這些符或許只是心理作用，但最終它們能幫助家屬在殯儀館內得到安心才是最重要的。不過，筆者亦相信，一般人本身的正能量也能保護自己——正如我們殯儀從業員工作時口中常說「百無禁忌」、「心安理得」一樣，即使每日遊走各大小墳場、殮房、殯儀館也駕輕就熟！

| 大小百解符

| 好醜事紙符

「破地獄」儀式

以往喪禮的忌諱：「破地獄」儀式

2024 年尾一齣電影，打破了一直以來本地人們對於道教打齋法事的忌諱及誤解。「破地獄」是道教正一派喃嘸先生主理的度亡打齋法事其中一個儀式，其名稱及內容之獨特，成為現時本地殯葬文化的廣泛認知。其餘道教儀式還包括：開壇請聖、誦經禮懺、遊十殿、妹娣開光、過金銀橋、坐蓮花、交經送亡等。從前，守夜當晚只安排尼姑誦經，以上儀式包括燒紙紮，都分別會於先人死後三七、五七、尾七等日子於道堂做法事，不像今天的喪事般一氣呵成。

電影《破．地獄》打破了一些本地人認為「破地獄」儀式嘈吵及恐怖的誤解，其實它只是超度先人的其中一個儀式。筆者入行以來，都聽過不少師傅對「破地獄」儀式有不同解說，但並非認為誰對誰錯，只是不同師承之下，對於傳統儀式的不同演繹而已，其實殊途同歸。

綜合各方陳述，「破地獄」儀式的程序如下：喃嘸師傅首先請仙佛降駕護法，到九個方位即「九幽地獄」引領迷失的亡魂。逐一破開瓦片，象徵破開地獄之門、破除鬼王阻攔；另一解說是破瓦藉此警醒先人，不再迷失及放下執念。最後向油鑊噴水激起火焰，讓先人重見光明及醒悟。透過儀式，可免先人在地獄受苦，早日投胎轉世。所以為了要活得好，放下執著、慾念，不迷失，接受現實，的而且確，生人也需要「超度」！

「破地獄」的法器

大概二、三十年前，老一輩可能見識過，正一派喃嘸師傅的「破地獄」儀式道具並非今天普遍的「火劍」，而是舞動一個差不多四、五尺高，頂部為木雕刻的「如意」，來破開代

|「破地獄」儀式

|「破地獄」法器，如意及火劍。

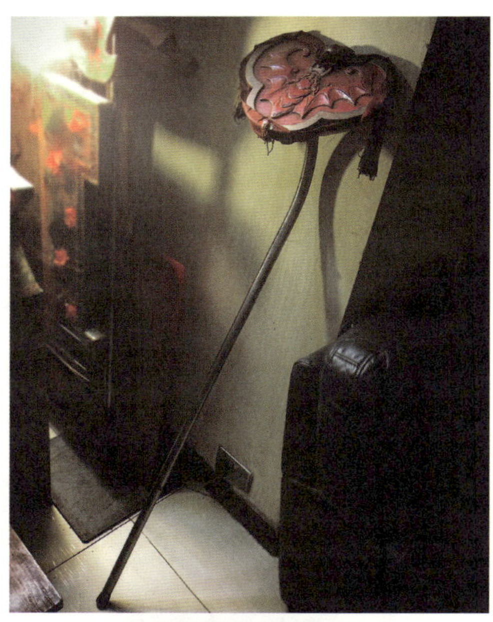

表九個方位的「九幽地獄」瓦片。後來因為靈堂愈趨狹窄細小，公共交通亦比從前便利而令來致祭的人愈來愈多，儀式進行時舞動「如意」的空間不足，攜帶亦不便，所以就被「火劍」取代了。而全真派的道士則以法杖「琳琅」來進行「破地獄」儀式，整體亦比較靜態，主要出現於法會而非度亡儀式。

「破地獄」油鑊及地獄城

香港七間殯儀館早已禁止使用油鑊作為「破地獄」儀式中間煮油的工具，一來容易構成危險，二來是從前師傅會重複向滾油噴水激起火焰達三次，工作人員亦需要特別清理油漬。

| 油鑊被九塊地獄城圍著

以往，油鑊會被九塊儀式道具圍著，這九塊儀式道具即地獄城。地獄城分為鐵製及木製，前者雖然比較耐用，但非常重及攜帶不便。其實，現時兩者均已慢慢被淘汰，因在「破地獄」儀式中不用油鑊，導致地獄城幾乎已經絕跡，收藏的人亦不多。地獄城上面有九個方位及地獄城的名稱：東方風雷、南方火翳、西方金剛、北方冥冷、東北鑊湯、東南銅柱、西南屠割、西北火車及中央普掠，到喃嘸師傅噴水至油鑊前取走。

現時不用油鑊，會用什麼替代？承載滾油甚至煲溶蠟燭的工具，均會以一疊金銀衣紙摺成的紙兜代替，儀式的最後，師傅會將之燃點，再向其噴水激起火焰，代表「破地獄」儀式大功告成，最後由殯儀館員工掃走及清潔。

九幽地獄鬼頭

「破地獄」儀式之瓦片是九方位之「九幽地獄城」，儀式中放於瓦片上的剪紙乃「地獄城王」，亦稱「鬼王」，一般由喃嘸師傅或醮師將金銀衣紙剪成鬼王頭像，等待破瓦前「開光」之用。鬼王剪紙並沒有特定式樣，由不同師傅剪出不同模樣及風格。整個儀式的形象多年來亦有改變，除了從前的如意法杖變作今天的火劍外，以前會將鬼王畫在金銀衣紙上再貼到瓦片，甚至以炭筆直接畫在瓦片之上。

九幽地獄鬼頭

穿走花紋步及魚貫躡步

幾年前，筆者於上水火車站旁的「孝思堂」參與農曆七月的盂蘭勝會。還記得當日下著雨，「破地獄」儀式需要於傘下進行，但無礙喃嘸師傅們精彩的「穿魚」步伐穿插。「穿魚」即儀式中喃嘸師傅的動作及步伐簡稱。「破地獄」儀式初段，眾人手持法器及先人附薦牌位，以「穿走花紋步」及「魚貫躡步」開路，模擬帶著先人避過所有障礙、穿插於地獄的過程；再刺破「九幽地獄」的瓦片，藉此警醒先人，亦象徵打開地獄之門、破除鬼王阻攔；最後向油鑊噴水激起火焰，讓先人重見光明及醒悟。透過儀式，可免先人在地獄受苦，早日投胎轉世。

| 喃嘸師傅們精彩的「穿魚」步伐

嬰靈法事「破血盆」

此處指的「破血盆」儀式並非流行於台灣等地、為女性往生者誦經吟唱超度的儀式，而是本地為未出世嬰靈超度法事中的儀式。非自然死亡的人迷失於「九幽地獄」，所以打齋法事中需要以「破地獄」儀式為先人開路及使其醒悟。未出世的嬰孩又稱「血光」，無論是墮胎或流產，如需要超度嬰靈，還需破「血盆」或「血湖」，即胎盆，所以除了九塊瓦片外，還會斬破血盆紙紮，同樣以引渡靈魂返回正軌。

「破地獄」儀式忌諱胎兒，據喃嘸師傅所述，靈堂內若有孕婦，儀式開始之前孕婦都需要短暫出靈堂外迴避，直至「破地獄」儀式完成，避免沖撞胎兒。

| 嬰靈「破地獄」的血盆紙紮

香燭及紙紮祭品的迷思

香燭並非先人「食物」

作為香港人，相信大家從小到大，都難免曾接觸過電視劇及港產靈異電影，當中不少有鬼魂吃香燭祭品的橋段。那為何已經有豐富的祭品食物，如燒肉、雞鴨及生果餸菜，還要點燃香燭，香燭真的是給鬼吃的嗎？其實，拜神信仰認為燒香時，青煙能夠貫通另一個世界，無論天上還是地府。打個比喻：我們要進行電話通話，首要的是按號碼撥通對方的電話，才可對話——所以無論是拜神祭祀還是喪葬法事，首要的就是上香！隨後，我們便可以作禱告、祈福，奉上祭品及紙紮等。

既然香燭並非食物，先人是「吃」其他食物祭品的，故一盅兩件、中西式咖啡奶茶，悉隨尊便！那蠟燭又有什麼用途呢？原來，是因為從前的人沒有電燈，蠟燭便用來照明，或幫助燃點線香。

香燭祭品有禁忌。女性月事期間都不應拿香燭拜祭，因為習俗上女性經血被視為不潔，甚至會招煞（凶神），故上香、做儀式等都不適宜，甚至不能入廟宇參拜。若果是喪禮期間，家屬預備祭品給先人時，則不可以有牛肉，因為習俗認為這段時間鬼差（牛頭馬面）會押解先人往返陰間、住宅及靈堂等地，以鬼差同類（牛肉）為祭品，會對先人有不好的影響。當然，信則有不信則無。

| 燃點香燭，透過青煙與另一個世界接通。

本地傳統紙紮的來源

紙紮源於古時民間喪俗的祭祀活動，認為逝者的靈魂到另一個世界去了，親人想使他們能過上優裕生活，以「燒紙紮」作為給先人的補給，是滿足民眾祭祀信仰及心理需要的一種形式。

一直以來，本地的喪禮紙紮均配合喃嘸法事，例如「玄壇廿六紙紮」就是配合廣府打齋法事的紙紮品，是道教殯葬傳統中送給先人的陪葬品，分別有：仙鶴柳幡、正薦牌位、附薦龍位、招魂白幡和紅幡、沐浴房、金衣、望鄉台、金橋、銀橋、橋燈一對、橋工人兩名、妹仔、娣仔、轎伕兩名、文明轎、夾萬、衣槓兩個、金山、銀山、花園、洋樓等，總共 26 件。最早期都是由喃嘸師傅主理，他們五範疇技能「吹、打、喃、紮、寫」中的「紮」，就是紮作技能，甚至會一邊進行打齋法事一邊紮作。因應需求增加，紮作行業應運而生；以一條竹篾紮成一個框，再製出萬千形態。

以前紮作師傅甚為「吃香」，因為一般人對於喪禮安排都很嚴謹，部分富裕家庭更不惜花費辦好白事，對紮作的需求很大。當時仍未有內地紙紮廠，香港的紙紮祭品很獨特，有別於東南亞其他國家，富有本地色彩。師傅以一條竹篾開始，「紮」、「撲」、「寫」、「裝」便是紮作工藝的四個工序，加上本地獨有的花紙設計，更令紙紮褸上「港式情懷」。

後來香港人口急劇變化，喪禮儀式保持六成比例的拜神信仰，令紮作更供不應求，故有香港紙紮舖於內地設廠，每天

由密斗貨車把成品運到紅磡等地，應付日常殯儀館的喪禮。唯獨「花園」、「洋樓」體積較大而且不可摺疊，一般都由本地師傅自己完成，所以行內人認為，只要懂得紮大屋，基本上都可以收入無憂！現今紮作款式愈趨多元化，除飛機、房車、遊艇外，其餘亦有高清電視、按摩椅、馬場、賭枱，甚至整條「花街柳巷」！愈大型的紮作愈為精細，加上本地紮作師傅的鬼斧神工，客人幾乎想得出就能紮得到，有如藝術品創作。

近年本港各行各業都受貴租影響，傳統行業要生存，經營成本備受限制；每件紮作的付出及收入不成正比，根本沒有資源讓本地紮作行業得以傳承。有師傅坦言，今時今日除了要沒有經濟負擔外，還需對這門手藝懷有「狂熱」的傻人才適合入行；再加上人們拜神信仰減弱及環保意識增加，紮作藝術的

|「玄壇廿六紙紮」是配合廣府打齋法事的紙紮品

發展難上加難。但對於喪禮文化，本地傳統紙紮依然佔重要位置，紮作技藝更已被列入「香港非物質文化遺產」。

紙紮祭品的忌諱

面對生死，享盡天年、壽終正寢當然難得。其實現代醫學昌明，靠各種藥物及醫療設備延長壽命，已經十分普遍及理所當然。經常有家屬在其親友的喪禮中，希望追加輪椅、醫療物品甚至藥物、醫院等紮作。每次我都會解釋，死亡對於病人來說已經是解脫，再無需行這種不便。正如醫護人員會拔走先人所有醫療輔助用品、火化之前都需要從遺體內取走心臟起搏器、殯禮中將病人服飾換上日常衣著等等 —— 因為我們都清楚他再不需以病患的身分離開！有心的，倒不如想想先人生前因病而不能行使的嗜好習慣，加入一些別的紮作，例如舒服的按摩椅、耍樂麻將、影音器材、工人、飛機、遊艇等，更可使先人高興。

妹娣工人的臉色源於民間智慧

妹娣工人的相貌不討好，原因之一是那張令人驚詫的桃紅色臉！究竟服侍先人的娣仔「宋初來」、妹仔「妙香」、轎伕「顧進福」及「敖進壽」的膚色，為何並非自然的膚色或粉紅色呢？筆者向紙紮師傅打探，終於把多年來的謎團解開了！紙紮師傅說這其實源於民間智慧：從前舉行打齋法事的地方不像今天的殯儀館或道堂般燈火通明，無論昏暗、柔弱的黃光或白光燈底下，人的膚色都呈現不同程度的「青」，所以映照在假人的臉上，就會更恐怖詭異！因此，從前的師傅改用「桃紅」作為妹娣工人的膚色，並流傳至今，希望在燈光底下減低其恐怖程度！

| 行內人都認為醫療產品的紙紥祭品並非必要

| 妹娣工人的桃紅色臉

喪禮後續

火葬場或墳場送別先人後的安排

傳統喪禮被視為是忌諱及不祥的活動，完成儀式或離開火化場、墳場時，殯儀公司一般都會準備一些令家屬及親友更為安心的安排。

首先是「檻火盆」（跨火盆），喃嘸先生或土工師傅會預早製作「火筆」，於地上點燃火焰讓親友跨過，意在利用火熱阻隔邪氣，「檻過雄雄火，定吉無災又無阻！」有其餘宗教信仰的親友於旁邊走過就可以。

其次是用碌柚葉水洗手。殯儀公司會準備一盆放有碌柚葉的清水給來賓及家屬洗手、沾濕額頭及掃一掃髮尾，用作驅

｜「檻火盆」阻隔邪氣

走穢氣，令各人精神爽利。

再來是派「纓紅利是」！現今，在完成喪事後，包括主家脫掉孝服及脫孝後，都會取回吉利「意頭」，參與上山的主家及親友都會收到一封紅利是，我們稱之為「纓紅利是」。「纓」是繫的意思，應接吉利（紅事）之意。「英雄利是」及「英雄宴」不過是坊間耳濡目染的稱呼而已。

從前，完整的「纓紅利是」內包含了五種東西，分別是：紅頭繩比喻小孩或吉祥、紅綠線比喻紅男綠女或福祿、扁柏比喻老人或長壽、銀針比喻做生意有利或作利器擋煞、雙數錢幣比喻有錢有財。「纓紅利是」可以保存或使用。例如用該錢幣去買褲，寓意「大富大貴」；如要保存，把利是收藏在整潔的

| 碌柚葉水洗手驅走穢氣令各人精神爽利

|「纓紅利是」內有雙數錢幣、扁柏及紅頭繩

地方中即可，就像利是般，留下「好意頭」。由於用針及紅綠線捆綁利是封的方法繁複，現時坊間的「纓紅利是」都簡化了，多數只包含三種吉祥物：紅頭繩、扁柏及雙數錢幣。

纓紅宴、解慰酒、安慰飯

「解慰酒」及「纓紅宴」的分別，在於是否已「脫孝」。若有「孝」在身，喪家安排的那頓飯叫「解慰酒」，喪禮期間招待親友，七道餸菜全是素食，為先人積功德。但時至今日，不少酒家都將菜單改為包括魚及肉類，讓家屬多個選擇。也有人稱「解穢酒」，認為這餐飯有助親友除去喪事的污穢。

若完成喪禮後已「脫孝」，則以「纓紅宴」慰勞親友。「纓紅」亦有簪花掛紅即「脫白」的意思，食八道菜，當中包括一款齋，其餘都是有「意頭」的餸菜，如雞、魚、蝦、燒肉；而燒肉又稱為「紅皮赤壯」，更是整個「纓紅宴」的精髓，寓意身體健康。疫情期間香港實施限聚令，家屬避免聚餐，便以「燒肉金利是」取替，讓親友自行到燒味店購買及食用。

教會喪禮完成後，家屬都會招待親友聚餐，多稱為「安慰飯」。餐單與「纓紅宴」相同，也是八道菜。

這頓飯也有忌諱。首先，餸菜裏沒有「瓜類」，因為廣東話的「瓜」代表「死亡」。若有糖水，內裏沒有「蓮子」，避免喪禮「連子」跟隨。最後不少家屬都會問，這頓飯是否需要添加一個座位給先人？其實在傳統法事中，由於已經超度了先人，意思已經將先人送走，所以無必要添加一個空位。

| 幾乎本地所有酒樓都有纓紅宴及解慰酒套餐，可說是隱藏餐牌。

墓碑、龕位開光的意義

無論是從前或現在，於土葬後的墳墓或火化後的骨灰龕位安放好先人後，會請師傅負責「開光」儀式，以硃砂點在先人墳前相片的眉心中，寓意先人可以有香火供奉及保佑後人，達至陰安陽樂。現代的解釋，則比喻我們可以開多一個個人電郵收取資訊，但就需要註冊，「開光」儀式就是註冊的意思。現今的「開光」儀式中，師傅亦會於先人墓碑位置「簪花掛紅」，在觀感上作首次儀式的「意頭」，之後紅絲帶鬆脫，將之火化就可以，而硃砂可以儘量保留，若將來不小心抹掉亦無大礙，因為儀式已經做妥。

何謂新山不過社

「新山」本指新的山墳，安葬後的第一年就是「新山」。但時至今日，火化佔比極大，即使非入土為安，先人骨灰首次安放龕位，亦歸類為「新山」。「社」指「春社」，是古時是祭祀社稷感恩土地的節慶。先人逝世後的第一年須在春社日（祭土地公節，通常是立春後第五個戊日，或是清明前的第二個戊日）前拜祭，避免與祭祀土地神時相沖；另外，相傳為免剛到地府的先人被欺負，閻王會特別優待新墳的主人在清明節前提前接收陽眷家屬的祭品，第二年就回復正常，與其他先人一般。故所謂「新山不過社」，就是指凡有家中親人過世，首年的清明掃墓拜祭，都必須提前在春社日之前完成，不在清明期間掃墓。

| 墓碑上的紅絲帶及金花為「簪花掛紅」

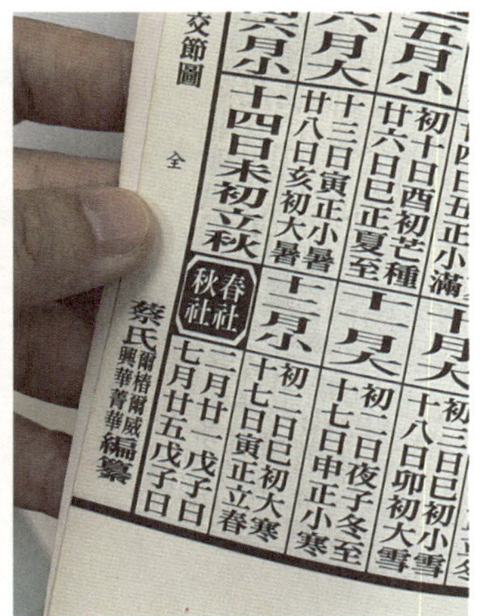

| 通勝可查閱每年春社及秋社的日子

| 第五章 |

綠色殯葬

香港的喪禮模式，從傳統走向個性化，從土葬轉向火葬，從木棺演變為紙棺——多元化的社會背景，令香港的殯儀業百花齊放。隨著氣候變化、溫室效應及環保意識的興起，全球人類的生活態度也在悄然改變，愈來愈多人關注可持續發展與永續生活，這亦間接影響了香港的殯儀生態。本章中的相片、故事已得到家屬、受訪者授權，用作寫作、出版、教育及推廣。

本章作者：黃錦姸

香港當代綠色殯葬

香港的殯葬方式，有火葬和土葬兩種。根據 2024 年的數據，約有 90% 的家庭選擇以火葬為先人處理後事。宗教方面，香港主流信仰則有道教、佛教、天主教、基督教、無宗教等。喪禮結束後，家屬需要安置骨灰，可以選擇放在骨灰龕位或進行綠色殯葬。最為人熟悉且價錢親民的骨灰龕位，有政府轄下的靈灰安置所；公眾亦可選擇公營機構如華永會，或私營機構如寶福山等。談及香港的綠色殯葬，港人的印象主要集中在骨灰的處理方式上，包括花園撒灰、海上撒灰。

當代香港，儘管土地資源緊張，仍有不少人選擇以土葬的方式安葬先人，但數字總是誠實的。傳統的土葬方式漸漸被火葬取代，以過去十年的死亡人數比對，選用綠色殯葬處理骨灰確有明顯增長。查閱食物環境衞生署《辦理身後事須知》小冊子公佈的數據，選用綠色殯葬的人數由 2014 年的 3,861 人增至 2023 年的 9,381 人；而衞生署衞生防護中心公佈的死亡人數數據，支持選用環保方式處理骨灰的人數佔比由 2014 年的 8% 提升至 2023 年的 17%，增長達 9%。這些數字真實反映了香港人對環保殯葬的日益重視。

2014至2023年香港死亡人數及選用綠色殯葬處理骨灰人數佔比

年份	2014	2015	2016	2017	2018	2019	2020	2021	2022	2023
死亡人數	45,710	46,757	46,662	45,883	47,478	48,706	50,653	51,536	61,557	56,776
綠色殯葬	3,861	4,472	5,366	6,539	7,046	7,909	7,676	8,018	9,449	9,381
佔比	8%	10%	11%	14%	15%	16%	15%	16%	15%	17%

資料來源：食環署、衛生署

花園撒灰：簡約共融大地

香港有多個供市民撒灰的紀念花園，單由政府管轄的就有九個，包括坪洲紀念花園、南丫島紀念花園、長洲紀念花園、新哥連臣角紀念花園、新鑽石山紀念花園、富山紀念花園、新葵涌紀念花園、新和合石紀念花園、曾咀紀念花園。在進行花園撒灰的當天，家屬可以使用由官方提供的金屬或紙撒灰器，或自備撒灰器，於指定的草地上進行撒灰；亦可按需要加入宗教或悼念儀式。家屬向食環署申請進行花園撒灰時，可以自由選擇是否需要安裝紀念石碑。依筆者經驗，曾遇上先人在生時已吩咐後人，為其辦簡單的院祭喪禮，再進行花園撒灰，不需要紀念石碑，只想在世時瀟灑走一回，死後也不必被紀念，希望家人餘生好好在心中懷念，就已經足夠。

雖然香港的公營紀念花園空間有限，但其環境設計和設

| 粉嶺和合石紀念花園，家屬為逝者進行花園撒灰的地方。

施配套，並不遜國外的墓園。以粉嶺和合石紀念花園為例，除種植了樹木和花卉外，還設置了多個可愛的動物石像。在清幽的環境與小鳥的歌聲中，讓逝者回歸大自然。

告別中以音樂尋找安慰

近年，社會推崇訂立生前契約，概念與平安紙、遺囑相似，旨在讓家人至親了解自己理想的後事安排，避免在安排喪事時產生分歧。在筆者看來，這也是一種「遺愛」的表現。然而，也有一些情況是先人早就訂立了生前契約，但因不知道如何向至親開口，而未有告知家人相關內容。

我曾服務過一個個案，先人是一位 55 歲的女士，因血癌離世。其丈夫陳先生陪伴太太抗癌五年，兩人無兒無女，家中只有一隻愛貓。陳先生告訴我，過往當太太想討論後事安排時，自己總是把她叫停，與其說是害怕太太情緒低落，其實是自己不夠正面，害怕終會有失去愛人的一天，害怕終會有天要獨自執行愛妻的遺願。在太太離世後，陳先生方從她的銀包找到一張寫有身後事安排的便條，他才知道太太希望以火葬的方式處理後事，選擇花園撒灰，不需要特別儀式，亦不需要紀念石碑。陳先生遵循太太的意願執行喪禮。華人家庭中，丈夫是一家之主，總帶著一種倔強，在安排喪事的過程中，我們見面數次，陳先生始終獨自一人，表現得沉默寡言，讓我有點擔心他的情緒無法找到出口。

完成火葬後兩個月，是處理骨灰的日子，陳先生挑選了和合石紀念花園作為撒灰地點，他指是因為他住上水，探望太太較為方便。撒灰當日，有兩位親友前來陪伴，但他亦感嘆：「我以為自己對太太已經很了解，卻不知道她連石碑都不需要，喪事她早已安排，讓我感覺似乎無法為她做更多了。」

首次會面時，筆者總會嘗試和家屬先了解先人的喜好。記得陳先生說過，在太太臨終的日子，他會播放歌曲，為其解悶。我問：「你之前提過，你會在醫院播放太太喜歡的影片及歌曲，你們有沒有什麼訂情歌曲？」他回答：「說不上是訂情歌曲，但她喜歡梅艷芳，特別是〈似水流年〉，那是她的至愛。」我把陳太太的骨灰倒進撒灰器，播放〈似水流年〉，歌聲劃破寧靜。

陳先生按照我的建議，靈活地扭動手腕，把骨灰灑在草地上，當歌詞唱到「外貌早改變　處境都變　情懷未變」時，他哽咽了起來。完成撒灰後，陳先生問我：「太太真的走了，我現在應該做什麼好？」我回答：「回家餵貓呀。」他點頭回答：「說的也是。」在喪禮中，音樂往往具有奇妙的作用，不僅能點綴氣氛，還能帶來慰藉。當播放屬於他們的音樂時，這個撒灰儀式便變得獨一無二。

海上撒灰：讓生命投進蔚藍

簡約的殯葬方式有不少好處，例如減少資源使用、簡化申請程序、節省金錢、免卻未來的續期手續等，而這些都是綠色殯葬的優點。除了花園撒灰，海上撒灰是另一種回歸自然的方式。在香港進行海上撒灰，需於指定海域進行及預先申請，地點包括塔門以東、東龍洲以東，以及西博寮海峽以南，家屬可免費乘搭官方提供的渡輪，或自行安排船隻前往指定海域。以食物環境衞生署的安排而言，撒灰時，家屬需把骨灰放入由渡輪提供的水溶性膠袋，可與鮮花一同撒入海中，由有經驗的禮儀師帶領。在普世價值中，海洋象徵自由，海上撒灰猶如在生命的最終站以擁抱自由的方式，進入生命的循環。

不一樣的海上撒灰器

租用私人船隻進行海上撒灰，雖然需要額外費用，但能提供更多時間，讓親友放慢腳步，調整情緒。乘搭食環署安排的渡輪時，親友一般都會使用撒灰板，把骨灰連水溶性膠袋投入海中；而私人遊艇及船隻，因缺乏撒灰板，禮儀師會使用不同工具協助親友進行撒灰，有人會選擇水溶性紙盒，有人會使用布料，有人會直接把骨灰撒入海中。

筆者曾經在美國修讀短期的禮儀師課程，班上只有我一個亞洲學生，其他同學皆來自加拿大和美國，雖然相處時間短暫，但也從他們身上學習到異國的喪葬文化，擴闊眼界。筆者假期時與同學參觀學校附近的墓園，我發現許多墓碑前擺放著大小不一的貝殼。與同學詳談之後，他們告訴我，貝殼在西方文化中象徵保護、靈魂轉化和生命延續。各處鄉村各處例，華人習慣燒紙錢，讓先人在另一個世界「豐衣足食」，如今則學會了貝殼在西方文化中的意義。

回港後，收到朋友游小姐的查詢，她按照媽媽的遺願，由教會以基督教的方式進行安息禮，然後進行海上撒灰。游小姐是一位花藝師，十分注重美感，她問我，有沒有什麼既美觀又不傷害大自然的海撒方式。我想起在美國墓園看到的貝殼，向游小姐提議準備幾個貝殼，把媽媽的骨灰放在貝殼上，一同送入海中。貝殼本就來自大海，落入海中會被侵蝕、被海浪和沙石打碎，最終跌進海床。游小姐和她的親友都喜歡這個浪漫的提議，故於撒灰當日，以貝殼和玫瑰花瓣為媽媽送上祝福。

| 貝殼在西方國家中，帶有保護、靈魂轉化、生命延續的意義。

| 以貝殼盛起骨灰和花瓣進行海撒

環保喪禮

要實現綠色殯葬，有些人會選擇再生紙棺材，以減少砍伐樹木；有些人會從衣櫃中挑選一套先人生前喜愛的衣物，作為先人人生最後一套告別衣裳，以取代傳統壽衣；有些人會以先人生前喜愛的物品作為陪葬品，取代燒紙祭品；有些家庭會懇辭花牌，邀請親友以捐款代替花卉，福蔭資源貧乏的慈善組織。這些心意，免卻購買新的物品，已可實現最實際的環保喪禮。

現今流行個性化喪禮，除了宗教元素，先人的追思會也可以回憶展的方式讓親友悼念先人。家屬可於喪禮上特意設立一個紀念角，擺放與先人有關的物品，如照片、紀念品等。

筆者曾經為一位年輕的作家舉辦無宗教的追思會，其紀念角就擺放了他生前的著作和照片。另一個例子，則是為一位愛護家庭、生活極有條理的羅先生辦理喪事，喪禮以天主教形式進行，場內以他生前喜好的物品佈置。據羅太太分享，羅先生在生時經常攜帶一把拉尺、一部計算機、一本日誌和兩枝筆，這些都是他出門的必備物品。喪禮當日，我邀請羅太太把這些小物品置於靈前，大殮前把物品收起，放入靈柩內作為陪葬品，以其最熟悉的小物陪伴他走最後一程。

愛的延續：綠色殯葬與情感平衡

隨著香港人口變化和家庭模式轉變，殯葬服務也變得多元化和創新，以迎合市場的轉變及顧客的需求。花園撒灰和海上撒灰大大節省了土地空間，有效解決土地危機問題。然而，總有些人需要憑藉一件物件與逝者連結。綠色殯葬的興起，也帶動了新興的創意產物，以先人的骨灰製作首飾或紀念品。以骨灰紀念品為例子，寵物市場似乎更加開放，曾見過有飼主以寵物的骨灰製作小盆栽；亦聽說過國外的飼主把寵物骨灰埋在自己的後花園，再種植樹苗。

回顧香港市場，技術較為成熟的骨灰紀念產品有鑽石和晶石，而珍珠也日漸普及。為了深入了解這三種產品的特色及故事，筆者與三間本地的骨灰首飾公司進行了訪問。

珍珠：再次與摯愛連繫

筆者訪問了骨灰珍珠首飾公司「珍奇人生」，其創辦人 Raymond 和 May May 大方分享了其製珠過程。他們會邀請家屬提供先人的基因材料，如頭髮、骨灰和指甲等，用以製作珠核，然後把珠核殖入貝類中，養殖成珍珠，這個過程需時 10 至 12 個月，其間需調節水質和水溫，並由工作人員悉心照料。收成珍珠後，按客人的心意設計成首飾。

May May 指，由零開始製出珍珠，需於溫室養殖一年，這也意味著留下來的人，也花了一年的時間去適應失去摯親的新生活，學習以慈愛接受悲傷。每一次製作珠核，其實都是一次溫柔的藝術治療，他們會邀請客人來到工作室並指導客人製作珠核，這是一個契機，讓家屬們坐下來，一同回憶先人生前的點點滴滴。

問及有否難忘的故事，May May 憶述了曾經為一個家庭製作珍珠的經歷。一位 30 歲的年輕人，確診癌症，一年後便離世了，其父母因白頭人送黑頭人，十分傷心。前來參與工作坊的有先人的爸爸、媽媽、哥哥。在整個製作珍珠的過程，家人之間並沒有太多的淚水，反而一起回憶與先人美好的相處時光和童年趣事。一年後，成功養殖出數粒珍珠，每位家人都可獲得一粒，並按自己的喜好訂製心儀首飾。

由零開始，以基因材料養殖珍珠，需時約 10 至 12 個月。

生命可貴，把失去家人的心情轉化成另一種意識形態，繼續生活下去。珍珠所盛載的不僅是自然的瑰寶，更是在提醒家屬，逝者的精神長存生者的人生中。

晶石：轉化生命元素

晶石，坊間也稱為琉璃，加入不同顏色的玻璃，可製作千變萬化的飾品。在香港，製作骨灰晶石的公司眾多，筆者進行訪問的是 Ciao Memorial Glass Art Limited，其創辦人 Nicole 於 2017 年創立品牌，較為港人熟悉的是宇宙設計玻璃珠，品牌業務已擴展至於台灣營運分店。要在眾多晶石飾品中脫穎而出，Nicole 對產品的美觀性和實用性有很高要求。

愈來愈多人選擇以綠色殯葬方式處理骨灰，可能是不想為後人帶來拜祭壓力，也有可能是為了愛惜地球資源。Nicole 分享，進行撒灰儀式後，總有家屬希望保留少量骨灰以作紀念，把摯愛的生命元素製作成晶石陪伴自己，這既是一份紀念，也是一種藝術。

一般而言，製作晶石需要一個月的時間，筆者有幸走進 Nicole 的工作室，見證她製作晶石的過程。Nicole 首先把骨灰或已壓碎的頭髮、指甲注入玻璃中，進行第一次的燃燒。接著，加入其他顏色的玻璃，持續以高溫燃燒，再進行調整和打磨，最後設計成珠寶。Nicole 指，客人把僅有的少量骨灰交到她手上，她一定好好保存，並嚴謹製作，每一次她都很感謝客人的信任。

開業八年，Nicole 的晶石故事中，最令她感動的是一位來自台灣的女生的故事。有一天，Nicole 如常使用社交平台，發現品牌的賬戶被人標註了一張相片，相片中的女生拿著 Nicole 製作的骨灰晶石拍照，背景是一個台灣樂團的演唱會現場。內容寫道，女生的男朋友因意外不幸突然離世，他們原來約好一起去看演唱會，結果只能由女生一人帶著晶石手鏈完成這個承諾。Nicole 頓時震驚不已，才發現日前特別為台灣客戶製作的急單，就是這位女生，但願寄出的不只是一顆晶石，而是一份陪伴。每個人的哀傷期都不同，有人用幾個月就能回歸正常生活，有人花上數年都未能平復，誰能界定最合理的哀傷期限，或最適當的哀悼方式？但願失去摯愛的這位女生，戴上手鏈的時候，也帶著男友的愛與勇氣生活下去。

| 把生命元素如指甲、骨灰、頭髮等作為材料，製作晶石。

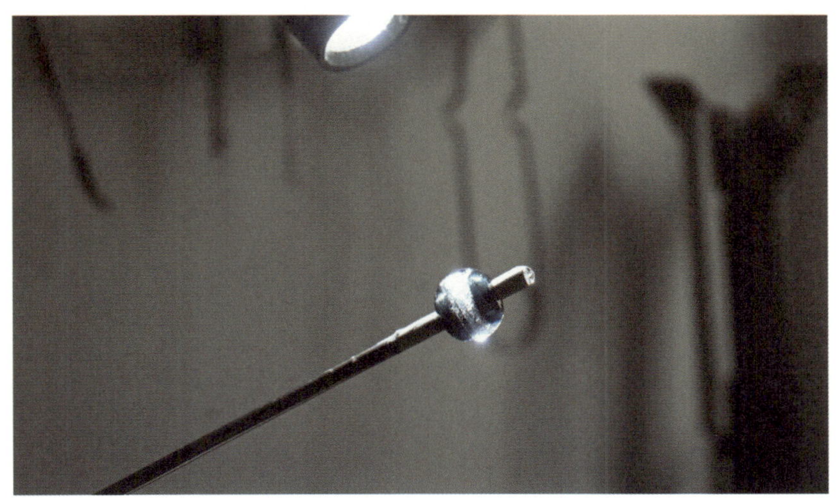

| 每天在工作室進行高溫燃燒，Nicole 指在起步階段，除了專注於製作和技術外，還花了很多時間研究工作室的設計，確保能安全排走製作過程中釋放出的有毒氣體。

| 宇宙之花系列，光看設計就已令人感動。

| 晶石可設計成首飾，如吊咀、手繩、手鏈；以及擺設，如紙鎮，配以玻璃座或桃木燈座小屋。

| 把生命元素製作成琉璃項鍊，美觀、耐用。

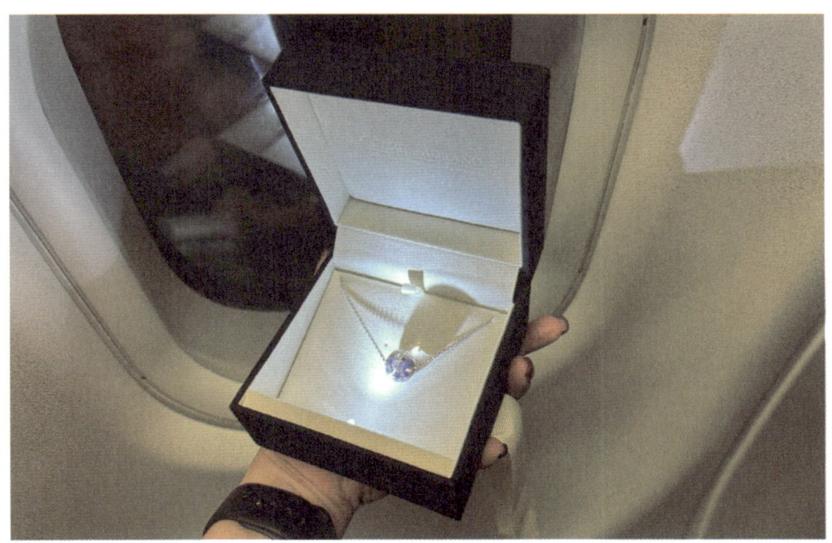

鑽戒：永久留存的真正鑽石

在參考過本地好幾家骨灰鑽石品牌後，Carol 的 Heart in Diamond 於行內獲得極佳口碑。骨灰鑽石的製作原理較珍珠和晶石更為容易理解。首先，把骨灰以高溫進行碳化，然後經過提取和純化，在更高的溫度和高壓環境中進行技術處理，模擬自然界中鑽石形成的條件。經過 70 至 120 天的培育，最終形成珠寶級的鑽石，並進行切割和打磨。家屬可按意願訂製心儀的大小與顏色。

多年前的一個電視廣告「鑽石恆久遠，一顆永留存」，把鑽石「永恆」的形象深深打進香港人的心，鑽石成為了一種的獨特紀念方式，讓人與逝者繼續連結。

入行數年，我遇到了一位客人丘小姐，她以媽媽的骨灰製作鑽石戒指，至今她仍與我保持聯繫。丘小姐是一位外遊領隊，周遊列國，性格浪漫且富同理心。丘小姐的媽媽因大腸癌離世，離世前的一年正值全球面對新冠疫情，世界各地封關，丘小姐因而停工。在這段時間，她得以陪伴媽媽，在最後的日子裏好好盡孝。

丘小姐與家人協議，以簡約的方式送媽媽最後一程，火化後於紀念花園撒灰。撒灰當日，我按丘家的意願，留起少量骨灰，分裝在四個小玻璃瓶子中。丘小姐曾詢問是否需要即時決定製作首飾，其實大可在未來再作決定，若不想保留骨灰，可以再次來到花園撒下餘下的骨灰。

一年後，丘小姐又再聯絡我，表示旅遊業已復甦，她也準備重操故業，並希望製作媽媽的骨灰鑽石戒指，把媽媽戴在手上，與她一起探索世界。她分享道：「以往總是一直忙，媽媽身體不好，未能帶她去更遠的地方，她也未曾見過我以領隊的身分照顧別人，這實在是一個遺憾。現在，反而要用這個方式，才能帶她來一趟長途之旅。」

丘小姐重返領隊崗位後，戒指成為她日常配戴的飾物，見證她與媽媽的情感延續。丘小姐知道筆者喜歡西藏和尼泊爾，每次帶團到這兩個地方時，總會戴著戒指，拍照與我分享，關係早由客戶升華為老朋友。

| 正職為外遊領隊的丘小姐，會帶著「媽媽」走遍世界各地，偶爾打卡與筆者分享近況。

隨行：帶著媽媽來一趟長途之旅

骨灰的處理在華人社會中往往帶有禁忌，鮮有人會直接把親人的骨灰隨身攜帶。筆者有一位好朋友 Stella，與其說她有創意，更應用勇敢、浪漫去形容她。Stella 的媽媽（下稱余媽媽）因癌病離世，終年 59 歲。抗癌多年，Stella 與爸爸、哥哥一直陪伴，一起笑過、哭過，也去過好幾次短途旅行。余媽媽有一位親妹妹，早已移民英國，妹妹不時來港探望，但余媽媽因健康欠佳，難以乘搭長途飛機，去看看妹妹的家，這個英國之約，彼此心照不宣，將會是一個遺憾。余媽媽去世後，家人為她舉辦喪禮，於灰樓上位當日，特意吩咐我留起了少許骨灰，存放在一個精緻的玻璃小瓶中。

我們常說，病人需要關愛，其實照顧者一樣需要關愛，要在日常的照顧和自己的工作、家庭中取得平衡，絕不容易。余媽媽離世後，Stella 決定來一趟英國之旅，代媽媽探望親姨，也親自帶媽媽走走英國。

入行數年，我遇過有客人把骨灰帶到廣東。而這次，是我第一次遇上有客人計劃把骨灰帶到英國，我要為 Stella 與媽媽做好功課。我們先查閱海關條例，發現將骨灰帶入英國並不需要特別申請，只需把骨灰放在能隨時打開或關上的器皿中，並攜帶由香港食物環境衛生署發出的「領取骨灰許可證」以便海關檢查即可。那麼第一步其實就已經完成了，因為領取骨灰的一刻就已獲發許可證。

接下來，我向食物環境衛生署查詢，回覆也比想像中簡

| Stella 帶著媽媽的骨灰到英國

| 容器在手提行李限額內，可以由乘客手提攜帶。

| 順利入境英國，Stella 立即報平安。

| Stella 安全把媽媽的骨灰送到姨姨手上

單，得知目前把先人的骨灰運入或運出香港，均無須向香港政府申請。然而，有些國家或會要求申請人提供「證明書」及「遷移骨灰許可證」，才准許骨灰從香港運往當地。由於英國海關沒有以上要求，我們就只差向航空公司查詢及申報。

最後，航空公司的回覆是若骨灰的容器在手提行李限額內，則可以由乘客手提攜帶。若想作為托運行李寄存，則需要包裝在密封的盒子或骨灰盒中，並用適當的充氣包裝緩衝以防止破損。骨灰和容器需要接受正常的行李 X 光檢查和其他安全檢查，故需使用能被 X 光穿透的物料，且不能封閉。在出發前的 48 小時通知航空公司有攜帶骨灰，就可以正式出發。

出發當日，我等待 Stella 向我報平安。因早已向有關部門查詢，並得到詳細的回覆，其實我並不擔心，只怕 Stella 會有點傷感。沿途她與我分享「報平安」的照片，也帶著媽媽的骨灰遊走了半個英國。最後一站，Stella 把媽媽的骨灰送到姨姨手上，彌補了姨姨的遺憾，完成了媽媽的心願，亦用這趟旅程滋潤了自己。

從香港到世界的綠色殯葬

香港有不少殯葬禮儀師並非全職工作，在未有工作安排的日子裏，會兼任其他工作以維持生計，生活並不如坊間想像般風光。分享一下我的例子，我的正職是一位空中服務員，工作較為彈性，每月上班日數大約為 15 天，餘下的 15 天就在香港的殯儀館、長生店或墳場從事殯儀工作。因工作關係，當我有機會到訪外國時，便會好好珍惜在外站的時光，探索世界各地的墳場。

樹葬、花圃葬：如畫般的安息之地

放眼國際，筆者最欣賞的綠色殯葬，應該是澳洲及美國的樹葬、花圃葬。分享兩個經營得宜的大型墓園，分別是位於澳洲昆士蘭的 Albany Creek Memorial Park 及位於美國米華基的 Forest Home Cemetery & Arboretum。前者為家屬提供更多的安葬先人的選擇，將美感融入環境；後者結合生死教育、自然和歷史，應用於教學上。

外地的綠色殯葬不能與香港的情況直接比較，因為地方的廣闊與價錢已無法相比。Albany Creek Memorial Park 的樹葬及花圃葬，家屬可以為先人獨立種植樹木，或設置花圃，骨灰盒則埋於土下。由於地方廣大，家屬可於花圃前設紀念長椅，供後人悼念時坐下來休息。如果不喜歡樹木，可選擇安葬在湖泊旁邊，靜聽流水聲。正因澳洲極力推崇環保，悼念方式亦以簡約為主，墓園中有一處特別為安葬兒童而設的地方，色彩繽紛，遠看以為是個遊樂園，近看才發現樹上掛滿的都是父母為子女掛上的風鈴，每當微風吹拂，叮叮的聲音彷彿在傳遞愛與思念。

與澳洲的墓園相似，美國的 Forest Home Cemetery & Arboretum 最不欠缺的就是空間。這裏有傳統的特色石橋、高大的樹木、流水湖泊、教堂和禮堂，景色美如畫。除了能作為先人的安息之地，管理者早已在墳場加入教育元素，包括生態自然、生死教育和美國歷史，廣邀當地學府參觀墓園。我曾有幸在美國短期留學，與 Forest Home 的工作人員交流了一個下午，了解他們的工作與願景。他們希望透過死亡這議題來教導下一代珍惜家庭，以生命教育來啟發孩子們的思省。

| 要教曉下一代珍惜家庭，Forest Home 團隊為孩子帶來生命教育。

| Forest Home 的墓園景色美如畫

| 地方之大有發揮空間，Albany Creek Memorial Park 可於花圃旁邊設置紀念長椅，供後人坐下休息。

| 樹上掛滿的都是父母為子女掛上的風鈴，每當微風吹拂，便會傳來叮叮的聲音。

| 若不喜歡樹葬，於 Albany Creek Memorial Park 內，亦可選擇安葬先人在湖泊的旁邊，靜聽流水聲。

河葬：從岸邊看生命流動

論綠色殯葬，尼泊爾的河葬令筆者對環保殯葬有很多的反思。對這個地方及殯葬文化的了解，來自我多年來常到訪加德滿都的緣分。正職為空中服務員的我，每個月在公司安排更表前，我均可以挑選一個自己想執勤的航點。每次我都會選擇尼泊爾，我對這個地方極為著迷，每次飛加德滿都，我會把握機會走訪人稱為「燒屍廟」的巴舒巴那寺（Pashupatinath Temple），增廣見聞，了解異國殯儀文化與生死觀。事實上，巴舒巴那寺是一個著名的旅遊景點，早於 1979 年，就被聯合國教科文組織（UNESCO）列入世界文化遺產名錄，遊客可購票參觀。普遍遊客都會安分守己，不會打擾喪家舉殯。我已經忘記自己飛過多少遍尼泊爾，大概我已經走訪過巴舒巴那寺達二十多次，感恩當地好幾位朋友的開明，他們多次陪我走訪並講解這個聖地，文中的分享全來自當地人的口述故事。

我於香港成長，以往我根深蒂固地認為火化禮必須使用棺材；在香港，若使用再生棺進行火化禮已是一個環保之舉，但當見識過尼泊爾的火化禮，你可以重新定義環保殯葬。按當地人、朋友、導遊口述，以加德滿都為例，當醫生宣佈臨終者生命已踏入倒數階段，他們會被送到巴舒巴那寺附近的療養院度過最後的日子。尼泊爾也有許多小城市，親人會從各城市回到加德滿都，送行即將離世的親人，也會在病榻前好好照顧病者。親人離世後，火化禮會於同日進行，通常數小時內完成，這個傳統做法反映了當地人對生命循環的看法，他們認為這有助靈魂早日解脫和重生。

跟香港一樣，喪禮豐儉由人，費用較親民的，可以到室內的火葬場按掣送別，由電力運行的火爐進行火化。另一個較為傳統且較受尼泊爾人推崇的做法，就是在露天的燒屍廟進行火化禮。火化前，當地人會以巴格馬蒂河的河水洗淨遺體、為先人穿上特定的衣物並進行宗教儀式。筆者觀察到，家屬會把先人從療養院直接送到巴舒巴那寺，先人在淨身更衣後，舊衣物就隨便棄置在路邊，燒屍廟隨處可見一大堆逝者的舊衣服。

完成淨身及宗教儀式後，遺體會被搬到燒屍台，由祭師帶領家人和親友進行祈禱和吟唱經文。火化工會搭起木柴，加入油、助燃物、花卉等，點上明火進行火化禮，大約四小時完成火化。而等候期間，祭師為會先人的長子剃髮，以表對父母的尊重。

火化後，遺灰會被直接撒入旁邊的聖河，即巴格馬蒂河，象徵著靈魂得到解脫。有些家庭會留起部分的骨灰，放進骨灰盅內，再存放到家庭的神龕。

喪親的子女，會在父母去世一年內的穿上白衣，有的更會穿達三年，這是他們的哀悼期；時至今日，因工作和生活，有人減至穿 10 至 13 天就回歸正常日常。火化後，家屬會經歷一個為期 13 天的哀悼期，在此期間會進行各種宗教儀式和紀念活動。在第 13 天，家屬會舉行一個稱為「巴爾比哈」（Bali Bihari）的祭典，這是一個重要的儀式，旨在為逝者的靈魂祈求安息。祭典通常包括供奉食物、祈禱，以及其他宗教儀式，並邀請親友參加，共同紀念逝者。

在祭師的協助及指導下，由兒子為先人以河水洗淨遺體，河水帶有神聖、淨化之意，象徵著靈魂的潔淨與升華。

火化工正在進行火化，完整火化一具遺體需要二至四小時。

| 每天晚上進行的火祭，大、小朋友都會參與，祝福逝者，安慰生人。

| 每到午夜，「燒屍廟」又回歸平靜，翌日早上 5 時又再次運作。

觀察燒屍廟六年，作為禮儀師的我，深感尼泊爾的河葬方式無棺材、減少物資使用、手續簡便、處理快速。但做法會否帶來衛生問題或污染水源，又是另一個話題。

尼泊爾人信奉佛教，面對親人離世，流淚人之常情，但和當地的朋友談及他們的生死觀時，他們總覺得逝者先行一步往天界去了，總有一天，會於天上團聚。

可持續的告別方式

宏觀國際，有些國家不需要棺木便可進行火化禮，可能是基於環保或傳統原因；有些國家早已把墳場規劃成社區及教育的一部分，歡迎學府合作，讓學生認識環保殯葬、大自然與歷史；有些國家的殯葬儀式供遊客參觀，大方分享喜與悲。

愈是文明的國家，愈應該重視未來發展及環保意題，為下一代準備可持續的生活環境。我們期待未來在殯葬界別會出現新的事物或服務。事實上，由食物環境衞生署提供的「無盡思念」網站服務，已經是一個超越時空的追思平台。食物環境衞生署（2024）於官方網頁指「為先人開設紀念網頁，上載文字、照片、錄像等，永遠保留對先人美好的回憶」，這可說是一個環保的追思方式。去年，台灣的殯儀界有一個新的嘗試，有人以人工智能模仿先人與後人對話，但在道德層面上掀起極大爭議，不知道在未來，又會否成為一個被追捧的綠色潮流與超現代主義。

| 外國墓園，減少使用一次性的消耗品，親友以風車紀念逝者，讓精神繼續隨風運轉。

| 第六章 |

哀傷輔導個案分享

許多人都希望生命中摯愛的人能夠永遠陪伴在旁，但現實卻告訴我們，這根本難以實現。無論是預期還是突如其來的死亡，當發生時都難免令人感到哀傷，因為它往往代表著永遠的失去和離別。

以下七篇文章將深入探討有關哀傷的不同課題，幫助讀者更好地理解這種生命中常見但複雜的情感，當中包括：分享哀傷的基本概念和本質；為正在經歷悲傷的人提供一些實用的建議，幫助他們如何面對和接受自己的哀傷；提醒讀者在安慰喪親者時應做和不應做的事等。希望這些文章能夠增進大家對哀傷及喪親人士需求的理解，並為正在經歷悲傷的人帶來一絲安慰。

本章作者：梁梓敦

為何會哀傷？

曾經有人問我：「親人死了，可以不哀傷嗎？」我認為這幾乎不可能，因為沒有人能夠逃避死亡所帶來的哀傷；不哀傷的只有一種人，就是從未經歷過愛的人。英女皇伊利莎伯二世（Queen Elizabeth II）曾提到：「有些傷痛是難以用言語平復的，悲傷正是我們愛的代價。」這句話道出了哀傷的根源——來源自愛。

人們因摯愛親人或好友的離世而感到哀傷，正是因為心中仍然懷抱著對逝者的愛。無論是愛情、親情還是友情，只要彼此之間曾有深厚的情感，哀傷便會隨之而來。死亡讓人清楚感受到關係的中斷和結束，有時甚至伴隨著強烈的自責和遺憾。有些喪親者即使信仰宗教，認為死後能夠重聚，但在世的暫別和分離仍然是無法逃避的事實。

年約 30 歲的楊小姐是家中獨女，十多年前因母親深陷賭博與債務，父母選擇分開。自此，楊小姐便與父親相依為命。後來，父親因器官衰竭無法工作，楊小姐更肩負起賺錢與照顧父親的重擔，逐漸培養出堅強的性格。某天，父親因身體不適入院，最初的檢查結果顯示情況不嚴重。然而，父親的健康在第三天急轉直下，最終因心臟驟停離世。這突如其來的打擊讓楊小姐無法接受——幾天前還活生生的父親，卻在轉眼間離她而去。曾經堅強的她，變得經常無故哭泣，甚至失去了工作的動力。親友們擔心她的情緒，建議她尋求心理輔導。在面談中，楊小姐多次問：「為什麼我的心會這麼痛和難過？」尤其在過去十多年的生命當中，她曾經歷不少風浪，卻從未見過如此脆弱的自己。

對於楊小姐來說，雖然父親並非她在世上的唯一親人，但卻是她最重要的心靈依靠。她對父親的愛直接影響了其哀傷的強烈程度。當我們明白哀傷是因愛而生時，便不必對自己的悲傷感到羞愧，也無需在他人面前隱藏眼淚。哀傷並非疾病或問題，而是人生中一個需要學習適應和面對的轉變。每個人生命中都曾經歷很多大大小小的轉變，從孩童時候開始，或者就已經歷多次畢業和轉校。到長大後，就會面對搬家、換工作、結婚、生育和移民等不同改變。每次轉變都會帶來不安、失落和悲傷等情緒，但人本身就具備適應轉變的能力。即使有時候轉變太大或來得太急而無法自行面對，只要有身邊親友的支持和幫助，通常都可以逐漸適應過來。失去生命中重要的人，絕對是一件大事，任何人都不應輕視其影響力。然而，喪親本質上都是生命中的一次轉變，無需將哀傷視為疾病或問題。吃藥無法治癒哀傷，因為哀傷並不是病。只要沒有出現嚴重的精神或行為問題，不如先接納自己在喪親初期的悲傷反應，給自己空間與時間；慢慢好起來是可以的，因為轉變對每個人來說都不陌生。

曾經共同相處過的記憶，是另一個令人難以避免哀傷的原因。陳太太的小女兒因在學校遭受欺凌而自殺。當陳太太發現女兒自殺的時候，已經無法挽回。之後每年在女兒去世當日，陳太太都感到無比悲傷，渴望與他人分享感受。然而，親友們卻勸她不要再想，並且認為她的悲傷是未能放下的表現，有親人甚至擔心她會因此患上情緒病。當陳太太向我求助時，我告訴她，女兒是她最愛的人，她們之間的回憶是真實存在，絕不會被時間抹去。就算將來在她面對死亡之時，亦難以忘記曾經擁有的女兒。與其強迫自己忘記與放下，不如容許自己大哭一場，好好地懷念已故的親人。只要在哭泣後能夠繼續維持日常生活，且沒有傷害自己或他人的行為，何必勉強去壓抑情感呢？對喪親者來說，每一滴因逝者而流下的眼淚，都是對逝者的愛與回憶。

愛一個人，就必然要面對失去對方所帶來的哀傷。愛與哀傷就像硬幣的兩面，永遠無法分開。這份相連的關係也指出，面對哀傷的方法就是要尋找逝者留下的愛。愛是哀傷的源頭，而哀傷的出路亦是愛。何時才算適應了哀傷？就是當想起逝者的時候，不再是只有眼淚，而是會同時記起一起經歷的美好回憶——笑中帶淚，那就表示你已到達目的地了。

永遠的哀傷

八年前，鍾小姐的丈夫在毫無預兆下心臟病發作，離開了他深愛的妻子。這些年來，鍾小姐一直深切懷念丈夫，除了在家中保留和擺放與丈夫有關的物品外，她也在電台、電視台及社交網站上分享她的故事。每年在丈夫的生忌、死忌和結婚紀念日等特別日子，悲傷依然湧現，眼淚依舊落下。然而，在其他日子裏，她都能夠正常生活和工作。直到大約一年前，鍾小姐的一位親人，同樣經歷丈夫因急病去世。她知道此事後，希望探望對方、分享自己的經歷，向其提供鼓勵和支持。可是，對方卻婉拒鍾小姐的好意，因為該親戚擔心自己會跟她一樣，多年來都活在悲傷之中。對方甚至認為鍾小姐多年來仍為丈夫的死亡感到悲傷，是因為她沉溺在過去之中，又或出現了嚴重的心理問題。

我們需要多長時間適應哀傷，才算合理和正常？許多人認為哀傷應有復原的時間表，超過特定時間就不應再有悲傷感受。生死教育先賢伊麗莎白・庫伯勒—羅絲（Elizabeth Kübler-Ross）在其最後著作《當綠葉緩緩落下》（*On Grief and Grieving*）中已提供答案：「事實是你會永遠悲傷。失去所愛的痛無法忘懷，但你將學會帶著這份痛苦活下去。你會復原，重建你的生活，再度找回完整的感覺，但你再也不是原來的你了。」

期望哀傷消失是不切實際的，因為失去的感覺太強烈。並非不想忘記，而是無法忘記。由於哀傷的另一面就是愛，因此想放下哀傷，就必須連同愛和回憶一同徹底掃除。這包括將與逝者有關的所有物品丟掉，刪除所有有對方樣子的相片，永遠不再談起他的話題，以及絕不踏足曾一起去過的地方。要做到這些事，幾乎是不可能的，即使能夠完成，又是否能紓緩悲傷呢？黃太的四歲女兒因細菌感染意外去世，丈夫和奶奶為免她觸景傷情，偷偷地將女兒的所有物品丟掉，甚至刪除全部她手機內女兒的照片。出殯當天，女兒連一張遺照都沒有。黃太並沒有因家人的做法而得到安慰，反而只能偷偷尋求哀傷輔導服務，而且她的哀傷程度比其他可以公開哀悼的案主更為複雜。

或許有人認為永遠地悲傷實在過於沉重和絕望，但庫伯勒—羅絲亦已經指引眾人出路在何處：與哀傷共存，帶著這份感覺繼續生活，才是正確的方法。余女士與丈夫結婚二十多年，一直關係良好，但有一天丈夫突然遇到交通意外去世。經過一年的哀傷輔導，她的生活大致恢復正常，卻仍每天思念丈夫。在剛過去的結婚週年紀念日，她感到特別難過，整晚哭泣。時間雖然可以沖淡痛苦，但永遠無法抹去他們之間的愛與回憶。這份悲傷會伴隨她一生，雖然時間可以減輕痛的程度，但卻會一直隱隱作痛；就好像被刀割傷一樣，傷口可以復原，但仍會留有疤痕，永遠不會消失。這道疤痕不會影響你的生活，然而觸碰到時，仍然會有一點疼痛。

由於悲傷會永遠存在，因此無需為自己設定將悲傷清零的目標。如果十分是最高程度的悲傷，把它降至二、三分便已足夠。這分數代表你對逝者的愛和回憶，再加上一點傷感。不必過度擔憂這份傷感，因為它不足以令你窒息，也不會再次將你擊倒。另外，每個人都可以有自己的時間表，慢慢與哀傷共存，過程中無需理會他人的意見，最重要是按照自己舒服的速度慢慢前行。有時候可以行前三步再退一步，又或者想停下來休息一會，亦無不可。或許有些人在喪親後真的可以徹底釋懷，但仍未做到的人，請不用擔憂，因為這是正常的。你絕對可以勇敢地跟自己說：「雖然我仍然悲傷，但我不怕，因為我會帶著這份感覺好好地繼續生活下去。」

哀傷的歷程

悲傷五階段

在臨終關懷及哀傷輔導的領域，伊麗莎白·庫伯勒—羅絲的名字無疑是家喻戶曉。即使對她不熟悉的人，也可能聽過她提出的悲傷五階段（The Five Stages of Grief）理論。作為一位精神科醫生，庫伯勒—羅絲有豐富的照顧臨終病人的前線經驗，這些經驗促使她在 1969 年撰寫了《論死亡與臨終》（*On Death and Dying*）這本生死教育名著，在當中首次提出了臨終病人可能經歷的五個悲傷反應：否定（denial）、憤怒（anger）、討價還價（bargaining）、憂鬱（depression）及接受（acceptance）。這理論被稱為「悲傷五階段」，後來更用來涵蓋喪親家屬的哀傷情緒。

庫伯勒—羅絲的理論可謂是劃時代的，因為在當時有關臨終病人情緒狀況的研究相對稀少。她的理論不僅為她贏得了讚譽，但也引發了不少批評。許多人發現，晚期病人及喪親家屬的情緒反應遠不止於五個階段，例如焦慮、絕望及震驚等常見情緒就沒有包括在內。此外，這些情緒的出現次序也不一定遵循她的理論。

面對這些批評，庫伯勒—羅絲在她生前撰寫的最後一本書《當綠葉緩緩落下》中對自己的理論親自進行了澄清。她指出：「悲傷的五個階段問世三十年來遭到許多誤解，這段期間它的內涵經歷了不少改變。這套理論絕不是要簡化複雜的情緒，而是試圖描繪出許多人面對失落的反應。當然，每個人的反應會因經驗不同而異。悲傷是很個人的，正如每個人的人生經歷都是獨一無二。」

另外，庫伯勒—羅絲亦表示：「我們透過否定、憤怒、討價還價、沮喪、接受五個階段，學習接受親人離開的事實，慢慢釐清自己的感覺，然後繼續人生的旅程。但這幾個階段並不是直線進行，換言之，並不是每個人都會經歷所有的階段或依序發生。」

在上述兩段文字中，庫伯勒—羅絲強調每個人與離世者的關係和回憶都不相同，所以沒有人會擁有完全一樣的悲傷反應和歷程。換言之，悲傷的階段可以因人而異，甚至同一個人也可能在不同的情境中經歷不同的情緒反應。

儘管庫伯勒—羅絲已經澄清她的理論，但或許有人仍舊認為悲傷五階段理論過度簡化臨終病人和喪親家屬的複雜情緒，因為她在最後著作中都沒有加入憂慮、恐懼、麻木、自責等情緒。縱使這理論未必完美，但它無疑為理解臨終病人及喪親家屬的情緒提供了重要的框架，而且她提出的概念，亦確實對後世臨終關懷和哀傷輔導工作的重點和文化帶來了革命性的改變。例如現代臨終關懷強調全人照顧，關注病人的身心社靈需求已經是基本原則，而這些理念的形成部分要歸功於庫伯勒—羅絲的前瞻性思考。50 年前，根本沒有太多人會去關心晚期病人的情緒需要，但庫伯勒—羅絲卻憑藉她的知識和觀察，開創了新的視野，使大眾對哀傷情緒變得重視，最終成為受人尊敬的臨終關懷先導者。

雙軌擺盪模式

雙軌擺盪模式（Dual Process Model of Grief）雖然已有二十多年歷史，卻仍被國際學術界認可為最重要和受廣泛支持的哀傷理論之一。學者史篤蓓（Margaret Stroebe）與舒特（Henk Schut）提出，喪親人士的哀傷可分為兩個導向：失落導向和復原導向。在這兩個導向中，各自包含了不同類型的哀傷反應。理論展示見下圖。

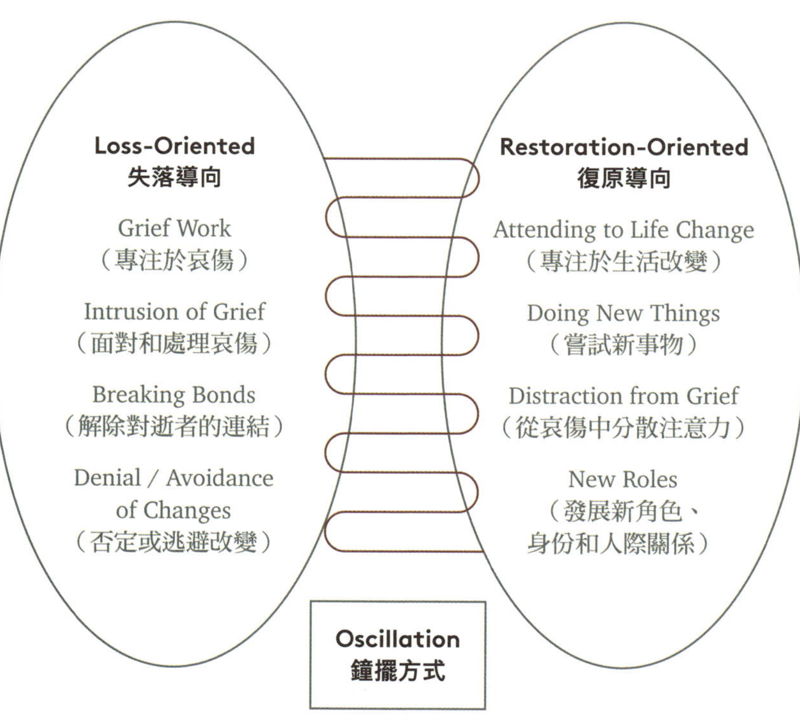

失落導向的哀傷反應包括哭泣、拒絕社交活動、懷念逝者，以及缺乏動力等情緒或行為。這些反應通常在親人逝去的初期強烈表現出來，譬如在死亡事件發生的第一天，難過、自責、遺憾和焦慮等情緒主導著喪親者的感受。

相對地，復原導向的反應則體現在重新適應新生活、建立新角色、嘗試參加新活動或開展新關係等行為上。當家屬需要處理文件或殯葬事宜時，理智會佔據主導地位，情緒也會向復原導向擺動。

這兩種導向下的哀傷反應會以「鐘擺方式」不斷交替出現。在哀傷初期，這種擺動往往是快速的。然而，隨著時間的推移，喪親者的情緒大多會在復原導向中佔據主導地位，但偶爾仍會回到失落的位置，特別是在節日或紀念日等特殊時刻。

最終，擺動的頻率會逐漸減緩，但這並不意味著哀傷會完全消失。失去摯愛的哀傷會永遠存在，因此這種情感的擺動是無法停止的。舉例來說，我的母親在 2010 年因癌症去世，雖然已經過了 15 年，但每逢她的生日、忌日和母親節，我心中仍會浮現一絲失落。我通常會在晚上翻出她的舊照片，懷念她的點滴，然後安然入睡。醒來後，我能夠妥善完成工作，繼續享受生活。這樣的情感波動，究竟有何問題呢？只要喪親者能夠在時而失落、時而復原之間取得平衡，不會過分傾向任何一方，其實就已經在健康正常的適應路上前行了。

與哀傷共存

曾太是一名家庭主婦，某天，她像往常一樣早起，為丈夫準備早餐和衣服。丈夫出門後，她開始做家務，隨後到街市購買晚餐的材料。曾太以為生活會跟平常一樣，期待著幾小時後丈夫就會回家陪她吃晚餐；不料，她卻在下午接到丈夫公司來電，得知他在工作期間暈倒，已被送入醫院急救。曾太焦急地趕往醫院，心中不斷安慰自己，丈夫應該不會有大礙，因為他的身體一向健康。

然而，當她抵達醫院，才驚覺事情比想像中嚴重得多。丈夫的心跳已經停頓，醫護人員正在全力搶救。此刻，曾太的腦中一片空白，只能哭泣，無法思考。經過 20 分鐘的努力，醫生告知她已無法挽回其丈夫的生命。就這樣，曾太瞬間失去了最親近的人，生活亦徹底改變。

現時香港每年有超過六萬人死亡，像曾太這樣突然失去親人的，大約佔四分之一。試問，與自己朝夕相處的人，突然從其生命中消失，這份衝擊與震撼，又怎能平靜接受呢？近年來，國際上愈來愈多研究指出，哀傷是永遠無法放下和忘記的，反而應該將它好好安放在心裏，並與之共存。要達成這個目標，可以參考以下步驟。

第一步：接納自己的哀傷

嘉輝與妻子結婚 15 年，沒有孩子。由於他們都是專業人士，生活一直十分自在。某天，妻子因嘔吐前往診所就醫，當時醫生診斷她患上輕微腸胃炎，只需吃藥和休息數天就能康復。然而，她的症狀卻愈來愈嚴重，因此嘉輝把妻子送到醫院再作治療。經過了一輪檢查後，妻子被診斷出患有末期癌症。嘉輝知道消息後，感到無力和絕望，難以相信和接受妻子將會在短期內離他而去。之後即使嘗試了各種治療方法，妻子仍在三個月後去世。自此之後，嘉輝失去了工作動力，也不願參與社交活動，最終在親人的鼓勵下開始尋求哀傷輔導。

在輔導中，嘉輝對自己產生強烈質疑。他一直以來對自己充滿自信，深信自己能妥善處理任何生活難題。可是，妻子的逝世卻令他感到極度無力，甚至連基本的日常事務都難以完成。他無法接受自己的脆弱，而且多次懷疑自己是否患上精神疾病。現代社會常讚揚那些在逆境中自強不息的人，並將其視為榜樣。這類鼓勵正面態度的價值觀固然有其意義，畢竟人應該在創傷後重新站起來。然而，若過度要求自己在喪親後迅速振作，反而可能引起自我懷疑，進而有機會演變成自我否定，又或因壓力過大而導致自傷行為。

任何人像嘉輝一樣在喪親初期出現情緒低落、失去生活動力等反應都是正常的。近年的研究指出，只有在生活功能長期受到嚴重影響（例如無法上班上學、斷絕社交聯繫、無法照顧自己及家人），或出現極端行為或情緒（例如有自殺傾向、無法控制的憤怒、沉迷藥物酒精）時，才需要接受長期的心理輔導。

網路上曾經流行一句話：「It is ok to be not ok.」有時候，並非不想好起來，而是根本無法好起來。這時，我們應該允許自己軟弱，給自己時間去療癒。要撫平受傷的心靈，首要條件是善待自己的內心：想哭時就哭，想躲就躲，想躺平就躺平。能夠接納自己的哀傷，才可以跟哀傷好好共存。

第二步：紓緩自己的情緒

情緒是人類的自然反應，尤其在面對悲傷時，壓抑只會讓其反彈，逐漸釋放悲傷才是正確的做法。這不意味著要徹底擺脫悲傷，而是學會將情緒保持在可管控的範圍內，避免失控。以下是一些具體建議，可有效協助喪親人士紓緩哀傷。

重拾自己的內在力量

每人天生都擁有面對困難的內在力量，但在悲傷的影響下，這份力量可能會被埋沒。要重新找回這股力量，可以先回顧過去的挑戰，例如重病、意外、失業、欠債、離婚和入獄等，然後問自己：「當時我是依靠什麼力量走過去的？」或許這些問題並沒得到解決，但內在力量至少支撐著你繼續生活，沒有放棄自己的生命。

多年來我訪問過不同年齡的人，請他們分享面對困難時的內在力量來源。總括來說，這份力量可以來自內在因素，如信仰和價值觀；也可以來自外在因素，如家人和朋友的支持。一旦找到了這些力量的來源，就可以開始運用它們來幫助自己紓緩悲傷。例如過去的你依賴親友的支持，那麼現在就應多與他們聯繫，讓他們成為你的支柱。如果信仰曾在你低潮時扶持過你，那麼就更加要積極參與信仰活動。

增加生命的容量

當內在力量難以尋回時，可以考慮開拓新的力量來源。不少人認為只有放下哀傷才能重新出發，但其實選擇保留哀傷，並逐漸增加生命的容量，亦能有效紓緩悲傷。外國作家洛伊絲·托金（Lois Tonkin）曾經提出「在悲傷中成長」（growing around grief）的概念，她表示：「很多人誤以為哀傷會因時間而逐漸縮小。真相是，哀傷從不曾變過，是生命隨著哀傷而逐漸強大了。」

在全球疫情之前，我一直堅信，世上總會有輔導方法能夠有效減輕哀傷。如果第一種方法無法奏效，那麼應該不停嘗試其他方法，直至找到合適的解決方案。然而，疫情期間我目睹了無數無奈與遺憾的故事，這讓我深刻反思過去的看法是否真的可行。當我陷入困境，無法找到出路時，有幸認識到托金，她的觀點讓我領悟，面對哀傷其實有兩條路可走。即使哀傷的程度不變，只要擴展生命的容量，就能減少哀傷在生命中所佔的比例，從而降低其影響力。以下的數學方程式有助於解釋「增加生命容量」的概念。

情境一：¾ = 75% → ¼ = 25%

假設上述分數內的分子是哀傷，分母是喪親者的生命，那麼 ¾ 就代表悲傷正佔據他大部分的生命，又或嚴重影響他現時的生活。一直以來，關懷喪親者的工作是希望處理哀傷情緒，即是將分子減少。如果分子從 3 變為 1，哀傷比例便會從 75% 下降至 25%。

情境二：¾ = 75% → ³⁄₄₀ = 7.5%

然而，有一些經歷過度創傷的喪親者，即使接受了許多專業服務，哀傷程度仍然無法改變。在這種情況下，我們應將重點放在他們的生命上，努力增加分母的數值。假如他的生命容量能逐漸增加，分母就會愈來愈大，例如當 4 變為 40，則比例就能夠從 75% 下降至 7.5%。

紓緩哀傷情緒其實有兩種方法。除了要自己減輕哀傷外，還可以選擇開放心靈去接受新事物和不同人的邀請。至於具體方式，則包括被動接受與主動探索。被動接受即是隨著他人的邀請行動，例如朋友約你一起參加興趣班、外出行山、參觀藝術館或參與義工服務，即使你對這些活動興趣不大，也可以考慮接受，因為這可能會成為增加生命容量的契機。

主動探索則是尋找自己曾經渴望卻未能實現的事。以張太為例，她的兒子因憂鬱症自殺去世。在一次輔導會談中，我詢問她是否有曾經想做的事情，卻因金錢、學業或工作等原因放棄。經過片刻思考，她回憶起自己一直想參與義工服務，幫助社會上的弱勢社群。於是，我們一起探討適合的活動，最終她選擇了探訪獨居長者。一個月後，張太完成了兩次探訪，從長者的感謝與讚賞中，她重新感受到快樂與滿足。雖然她依然思念兒子，但逐漸感覺生命中多了另外的一份意義與動力。

紓緩哀傷不僅僅是減少痛苦，還包括擴展生命的可能。只要往這方向繼續生活，過了一段時間後回頭再看，縱然哀傷仍然存在，但你已經有能力帶著它共同前行。

第三步：好好掛念逝去的人

沒有人會希望摯愛離去，時間雖能沖淡傷痛，但對逝者的掛念卻會持續存在。與其強迫自己忘記，不如學會「好好掛念」。懷念那些已離去的人，想起他們的笑容、聲音，甚至是共同度過的平凡時刻，都不是一種負擔，而是一種愛的延續。這些回憶不僅讓我們感受到他們的存在，更提醒著我們珍惜當下仍然擁有的關係。能在未來生命中同時擁有笑容與淚水，就是適應哀傷的標記。哀傷並非一條直線，即使時間久了，它仍可能反覆出現。只要我們願意善待自己，重拾內心力量，並敞開心扉接受新可能，傷痛終將轉化成未來成長的力量。

最後一步：在哀傷中成長

全球暢銷心靈書籍《最後 14 堂星期二的課》（*Tuesdays with Morrie*）中提到，主人翁墨瑞教授雖然身患絕症，卻始終相信苦難能促進生命的成長。他曾說：「只要你學會死亡，你就學會了活著。」哀傷是一段艱難的旅程，但這條路也能引領我們成長，讓生命變得更加完整。我們無法逃避生離死別帶來的悲傷和痛苦，唯有儘早累積生命的智慧，學習與苦難共存，尋找其中的意義，才能在未來面對生命的挑戰時，有能力迎接而不被擊倒。

好心別壞事

麗英的兒子出生後便確診患上遺傳病，五歲時因病去世。自此，麗英陷入深深的悲傷之中，尤其在母親節和兒子生日等特殊日子，心情更是低落。她的母親見狀，既難過又著急，曾對她說：「我朋友的女兒三個月前也失去了孩子，但她非常堅強，現在已經能正常上班，上星期還陪她媽媽一起『飲茶』，為什麼你不能像她那樣快點放下呢？而且，由於疫情，世界上有許多父母也在經歷孩子的離世，比你更加不幸啊。」麗英聽後，氣得一句話也說不出口，甚至不再理睬自己的母親整整一個月。麗英的母親原本出於關心，希望用他人的經歷來鼓勵女兒走出陰霾，但這樣的比較不僅無法傳遞安慰，反而讓麗英感到不被理解和接納，非常反感。這情況就像在求學時期，總有一些父母，覺得孩子成績稍遜，便用其他好成績的孩子跟自己的孩子比較，以作激勵。然而，極少有人因此而成績改善，反而孩子與父母的關係會變得更加惡劣。

小敏的兒子是一位嚴重智障人士，從兒子出生起，她便全心全意照顧他的起居飲食，15 年從不間斷。小敏非常盡責，每天都十分辛勞地照料兒子，尤其隨著他逐漸長大，幫他洗澡、更衣等工作變得愈加吃力，甚至因此出現了關節勞損等問題。雖然她細心照顧兒子，但最終他因傳染病併發器官衰竭而去世。小敏當然十分傷心，但更令她難過的是她聽到親友說：「他死了也是好事，過去你每天都要辛苦照顧他，連自己的生活都沒有了。現在終於可以重新開始自己的人生，所以你不要太難過了。」小敏在進行輔導時，帶著怒氣對我說，這句話比粗口更難聽，因為其中的含義是指她的孩子是她的一個負擔，他死去反而更好。其實，小敏根本不在意照顧兒子的辛苦，因為那是她最愛的孩子。她需要的，是親友的安慰和肯定。

親友經歷摯愛去世，很多人都希望說些話或做些事來安慰對方。這份心意本是美好的，但許多人卻未能細心察覺喪親者的情緒和需求，因而說出一些讓對方倍感難受的話。十多年前，筆者與同事進行了一項研究，透過電話訪問了約一百位曾接受哀傷輔導的案主，請他們分享認為有效的安慰說話或行為。令我們震驚的是，研究結果並未找到公認的有效安慰語，反而聽到許多受訪者分享無用或最糟的安慰語。經過整理後，以下是當時調查得出的無用或糟糕的安慰語結果：

一、節哀順變。

二、時間可以沖淡一切。

三、時間都過了這麼久，還想來做什麼。

四、這都是神／天主的安排。

五、你看看那個人的情況比你更慘，其實你已經不太差。

六、其實他離開了對你來說是好事，你不用再這麼辛苦照顧他，對你也是解脫。

七、你還年輕，再找個更好的／再懷孕吧。

八、這樣更好啦，他對你們那麼差，死了便一了百了。

九、我很明白你的感受。

十、我也遇過你的經歷，很快沒事！

在這十句話中，「節哀順變」和「我很明白你的感受」雖然未必會讓喪親者感到難受或憤怒，但由於過於陳腐，家屬除了回應「謝謝」和「有心」外，實在無法得到太大的安慰。有些話則確實會讓喪親者感到受傷，例如第八句：「這樣更好啦，他對你們那麼差，死了便一了百了。」

有一個例子，正正就是這樣。蔚明成長在一個複雜的家庭，爸爸一直有賭博及酗酒問題，爸爸心情欠佳時，甚至會對蔚明和媽媽施加暴力。最終，因家暴問題過於嚴重，她媽媽決定與丈夫離婚，並帶蔚明搬到另一個地區重新開始新生活。數十年來，蔚明由最初的恐懼，演變為憎恨，最終化為理解並願意原諒父親。然而，當爸爸因長期疾病去世後，在喪禮上，一位長輩安慰蔚明時說：「你都不要太難過了，畢竟你爸爸都不是一位好的父親，死了就算。」蔚明聽到這番話後，不但感覺不到安慰，反而感到憤怒，因為她認為，雖然爸爸曾做過很多傷害她的事，但他始終是她的父親。

在安慰喪親者時，往往出於好意的言語可能會造成意想不到的傷害。過去筆者曾見過許多因親友不恰當的安慰而遭受二次傷害的家屬，因此不可小看言語的殺傷力。既然有如此多不應該說的話，那麼該說些什麼呢？

事實上，我們都十分渴望找到那句神奇的話語，能讓喪親者重獲力量、走出陰霾。然而，經過十多年的探索，接觸了近千個喪親家庭，筆者卻始終未能找到這個答案。或許，這世上根本不存在「最佳安慰的話」，因為失去摯愛的悲痛是深刻而複雜的，裏面交織著多年來的愛與回憶，有時還伴隨著恨的情感。面對如此深邃的情感，怎能僅憑一兩句話就能釋放呢？

喪親者真正感受到安慰和支持的，往往來自身邊親友的行動。這些行動不需要華麗的言辭，而是應該體現出陪伴、關懷與理解。在這艱難的時刻，能夠靜靜地傾聽，或是提供實際的幫助，或許才是對他們最好的支持。

有效的安慰

我們了解到說話未必能夠為喪親人士帶來有效的安慰——那麼怎樣才能夠真正幫助他們呢？搜尋了不少外國及本地資料，我得出的結論是，與其說話，聆聽和陪伴才是最有效的安慰方法。雖然大多數人都具備聆聽這基本能力，但並非人人都能夠做一個好的聆聽者。有些人在聆聽過程中左顧右盼，根本無法專注於對方的分享，這樣自然會讓人感到不被尊重。同時，許多人在聽到別人的悲傷故事時，會不自覺地進入專家模式，急於分析和評估對方的情況，並給予意見或解決方法。雖然這些做法並非錯誤，但有時候，喪親者所需要的，是包容和接納——無論他在親人離世後有多麼激烈的情緒，如何無理取鬧，甚至口出狂言——你都願意靜靜地坐在旁邊，嘗試聆聽和承載他的感受。

真正的陪伴

淑霞的丈夫因交通意外去世，她因過分悲傷而在急症室內大吵大鬧，認為醫護人員毫無用處，未能救活她的丈夫。當時我嘗試靠近安慰她，但卻被她拒絕，她甚至大聲責罵我要求我離開。儘管如此，我並沒有立即離開，而是慢慢坐在她旁邊，告訴她：「我不會說太多話的，我只是想陪陪你，因為稍後醫護人員或警察可能需要再找你處理一些事，我可以幫你好好完成。」那天我花了大約三小時，陪她見醫生和警察、買水給她解渴，以及送她往巴士站乘車回家。兩天後，她主動致電辦公室，希望我能再陪她處理有關丈夫的身後事，因為她認為我能夠明白她的情緒和狀況。

黃先生的女兒在參加學校活動時不幸遇上交通意外去世，當時她只有 15 歲。當收到這轉介個案後，我就約了黃先生一同到公眾殮房認領遺體。殮房面積約一百多呎，灰白色的牆壁上沒有任何裝飾，只有基本的用具。進入殮房後，女兒的遺體躺在一張鐵床上，身上蓋著白布，只有她的頭露出。由於意外的撞擊過大，女孩的上半身受了重傷，頭和面部滿佈傷痕，甚至頭骨都變形。黃先生看著已經死去的女兒，默默無言，沉默地注視著，過了約半分鐘，他才說：「嘩，原來撞得這麼嚴重！」此時，我雖然站在他旁邊，並且受過社工訓練，但在那種哀傷和沉重的氣氛中，卻連一句話都說不出口。最終，我選擇輕輕搭著他的肩膀，不發一言，陪伴著他，目的是希望讓他感受到我對他的支持。

這段多年前的經歷讓我深深理解到，在對方陷入極度哀傷的情況下，唯一且最有效的安慰，其實就是默默陪伴，不要讓對方孤獨一人面對困境。有些人誤以為陪伴時不說話會讓人感到不自在，甚至質疑這樣做是否有用，但事實恰恰相反。真正有效的陪伴，並非只是靜靜地在旁不發一言，而是敏銳地觀察和感受對方的需要，並作出適當的行動。例如，若你察覺對方已經站了很久，便應該尋找合適的地方讓他休息。如果知道對方在手術室門外等候已久，就應準備一些小食和水給他充飢。如果感到家屬的情緒開始激動，則可以輕拍他的肩膀或給予擁抱。陪伴最重要的是隨時準備接應對方拋出的需要，而不是急於拉著他的手，迫使他快點向前行。備受推崇的北美悲傷教育學者愛倫·沃福特（Alan Wolfelt）曾歸納出 11 項原則，為「真正的陪伴」作仔細的描述。

一、陪伴是出席他人的痛苦情境，而非幫他們解除痛苦。（Companioning is about being present to another person's pain; it is not about taking away the pain.）

二、陪伴是與另一個人一起進入心靈的荒漠，而非肩負尋找出路的責任。（Companioning is about going to the wilderness of the soul with another human being; it is not about thinking you are responsible for finding the way out.）

三、陪伴是對心靈保持敬意，而非專注在智能。（Companioning is about honouring the spirit; it is not about focusing on the intellect.）

四、陪伴是用心傾聽，而非用腦分析。（Companioning is about listening with the heart; it is not about analysing with the head.）

五、陪伴是見證他人的苦難歷程，而非評論或指引這些苦難。（Companioning is about bearing witness to the struggles of others; it is not about judging or directing these struggles.）

六、陪伴是幽谷伴行，而非帶路或追隨。（Companioning is about walking alongside; it is not about leading.）

七、陪伴是發現沉默的奧妙，而非用言語填滿每一個痛苦的片刻。（Companioning the bereaved means discovering the gifts of sacred silence; it does not mean filling up every moment with words.）

八、陪伴是保持靜止，而非急著向前行。（Companioning the bereaved is about being still; it is not about frantic movement forward.）

九、陪伴是敬重失序與混亂，而非強加秩序與邏輯。（Companioning is about respecting disorder and confusion; it is not about imposing order and logic.）

十、陪伴是向他人學習，而非教導他們。（Companioning is about learning from others; it is not about teaching them.）

十一、陪伴是表達想了解的心意，而非表現專業。（Companioning is about curiosity; it is not about expertise.）

作為一位安慰者及陪伴者，這 11 項原則是非常重要的提醒。真正的陪伴應由對方主導，他停的時候你跟著停，他行的時候你跟著行，不用急於拉扯或催促對方加速。整個過程中，只需接納對方拋出的所有情緒和煩惱，而無需不斷表達自己的想法和意見，因為你希望前進的方向，也未必是對方當刻想去的地方。即使你因對方的緩慢進展感到焦急，也千萬不要對其施加壓力，請保持耐心與信心，靜待他走出幽谷。如果你有宗教信仰，甚至可以為對方祈禱或唸經，求神親自醫治和安慰對方受傷的心，並祈求他獲得平安。何謂真正的陪伴？台灣作家蘇絢慧在其著作《當傷痛來臨：陪伴的修練》就已經提供答案：真正的陪伴是「接著」對方，而非「給予」對方。

陪伴喪親者完成要做的事

親人去世後，家屬往往需要處理許多程序，例如辦理死亡證、尋找合適的殯儀服務和處理遺產等。如果死者是因意外、急病或自殺等原因而亡，通常還需面對法醫、警察調查、作口供和法庭審理等事宜。由於大多數喪親人士從未經歷過這些程序，難免會感到焦慮和不安。在此情況下，如果有人能夠陪伴在旁，提供清晰的指示和詳細解釋，往往能有效地讓他們的情緒逐步穩定下來。

李太是一家跨國公司的經理，工作能力備受認可，手下有數十名員工。某天，她的丈夫在駕駛期間突發心臟病去世。經過調查後，警察確認其死因無可疑，並通知李太取回死亡報告。她表示這應該是一件簡單的事情，但在一週前便開始感到焦慮，甚至失眠。最終，她的一位朋友注意到她的情況，主動提出陪她去拿文件。當天的流程確實簡單，十分鐘內便取到了文件。雖然朋友在過程中並未多說什麼，但李太卻因為有人陪伴而感到安心。

有些事情並非必須完成，但卻是喪親者心中的願望。劉婆婆的老伴因癌症去世，事發後兩年她仍感到哀傷。因為沒有孩子且行動不便，當年將丈夫的骨灰安放在墳場後，她便再未有去掃墓了。有一次，我詢問劉婆婆有何心願時，她表示希望能去墳場探望老伴。於是，我安排了一位義工，並準備好交通工具，在一個晴朗的日子陪她去拜祭丈夫。或許已有兩年未見，她在墳前仔細清潔丈夫的相片，並向相片細數這兩年來的思念與經歷。掃墓後，她表示心情輕鬆了許多，因為這段時間她一直對未能掃墓而感到內疚。自此，每年春秋二祭時，我都繼續安排義工陪伴她掃墓。

幫忙分擔日常工作

佩芬是一位三十多歲的中國內地來港的新移民，與丈夫結婚五年，育有一名四歲的兒子。她是家庭主婦，丈夫有一份穩定的工作，原本一家人生活穩定。然而，某天丈夫突然急病去世，佩芬除了要面對失去伴侶的痛苦外，還需繼續處理日常的家務。一位住在她家附近的親人察覺到佩芬情緒低落，擔心她無法照顧自己和孩子，因此主動提出每天早上到她家幫忙做飯和清潔，然後再送孩子上學和放學。這位親人幫忙了近一個月，而佩芬也逐漸恢復過來。雖然她的親人並未說太多安慰的話，但佩芬非常感激對方，因為這段時間的實際幫助，比任何安慰的言語更為貼心和有用。

許多喪親者表示，他們面對悲傷與艱難時，最讓他們印象深刻的，正是那些具體提供幫助的人和他們所做的事。安慰喪親者並不需要口才出眾或具備專業的輔導資格，只要願意投入一些時間和精力，任何人都可以成為一位稱職的安慰者。

鼓勵喪親者分享感受及往事

在面對喪親的親友時，鼓勵他們分享內心的感受及與死者相處的往事，亦是一種重要的支持方式。即使聆聽和陪伴本身已經十分關鍵，但溫柔地邀請對方敞開心扉，分享悲傷或回憶，也能夠為他們帶來更多的安慰。

鍾女士是一位單親媽媽，與兩位女兒相依為命。某一年，她的小女兒懷疑因在學校遭受欺凌，選擇結束自己的生命。這對鍾女士而言是無法承受的打擊，隨著時間的推移，雖然她的生活逐漸恢復正常，但在女兒生日或死忌，她的情緒依然難以控制，淚水止不住地流下。親友們目睹她的狀況，常常勸說她不要多想，要積極一點，況且時間已經過了這麼久，多想也沒用。她聽後不但沒有釋懷，反而有一份被強烈壓抑的感覺，令她不能喘息。

在與鍾女士的對話中，我從不會阻止她表達哀傷，反而會引導她分享更多的感受。例如，我會問：「你提到仍然很掛念她，可以跟我再多談談你的感受嗎？」或者：「我看到你流淚，你是否還是很難過？不如我們靜下來再慢慢詳談？」當對方開始分享感受時，切記給予對方舒適安心的氣氛，不打斷和不批評分享內容，亦不用過度給予意見和指導。

如果發現對方不太能夠分享情感，或者情緒仍然混亂，就可轉為邀請他談論一些與逝者有關的事情，例如性格、生活點滴、一同度過的時光等。不用擔心以上的做法會進一步刺激到對方的情緒，令他們更加悲傷。事實上，你或許是對方生命中唯一願意聆聽其感受的人。你所做的事非但不會增加他的壓力，反而能夠讓其情緒釋放。

在這樣的對話中，最重要是保持耐性和專注，放下手上的工作和手機，專心聆聽。不論他的分享內容是否重複，都不應表現出不耐煩或打斷對方。如果對方不願意再談，也不要強迫，只需禮貌地感謝他的分享，並祝福他一切安好。

分享自己的感受

如果逝者是你所認識的人，亦可以直接分享你對逝者的感受，例如：「當我聽到他去世的消息時，我感到非常驚訝和難過。我一直都在想為什麼像他那麼善良的人會這麼年輕就離開呢？」這樣的分享不僅能消除客套的距離感，也能讓喪親者感受到你的真摯。當對方意識到你也正在哀悼，會更容易感到被理解與接納，因為他知道自己並不孤獨。找到同路人，對喪親者而言，會是一種寶貴的精神支持。

節日的哀傷

在香港，每年都有許多喜慶節日。元旦、農曆新年、情人節、清明節、端午節、母親節、父親節、中秋節、重陽節、冬至、聖誕節，以及除夕，社會上總是充滿了慶祝佳節的氛圍。許多人期待著這些佳節，因為能與家人或摯愛團聚，享受幸福的時光。然而，對於剛剛失去親人的喪親者來說，這些節日卻變得不再喜慶，而是充滿了傷感。回想去年的同一個節日，已故的親人還在世，而如今卻只剩下一張空椅子。

即使試圖避開聚會，節日時湧現的情緒依然無法逃避。在街道和商場，五光十色的裝飾和忙碌的慶祝活動，讓人難以忽視這份氛圍。我的母親在 2010 年初因癌症去世，那年五月的母親節來臨前，商場和電視中的促銷廣告不斷提醒子女準備母親節晚餐和禮物，以表達孝心。然而，對我來說，這些廣告如同針刺般，時刻提醒著我她的離去。隨著時間的推移，這樣的情況在後來的節日與紀念日中一再重演，包括清明節、中秋節和除夕等。面對這些節日，逃避幾乎不可能，但可以採取一些方法來安然度過。

首先，應當為自己的悲傷做好心理準備。高估自己的情緒反應有助於減輕當天的痛苦，因為提前預測會使我們在情感上更有準備。此外，提前安排一些能夠讓自己身心舒暢的活動，如郊遊、聽音樂會或與朋友聚餐。發揮創意，完成一件埋藏於心底的事情，這些都是不錯的選擇。無論活動本身如何，只要不傷害自己或他人，並能在悲傷中找到片刻的安慰，都是合適的選擇。如果情緒極度低落，不想外出做任何事，亦最起碼邀請一位家人或朋友到你家中作伴，共進晚餐或看電視。

其次，可以進行一些行動來紀念逝者。節日容易喚起對逝者的回憶，與其逃避，不如坦誠地表達思念。你可以給他寫信，訴說近況，或到墳場拜祭，甚至重訪曾經一起去過的餐廳。你也可以拿出他的照片，與親友暢談有關他的往事。過程中，你可能會流淚，腦海中不斷浮現與他相處的回憶，但這些都是自然反應，代表著你對他的深厚情感。無論過了幾多年，你仍無需移除對逝者的愛，反而應該將這份愛好好保存，因為它能幫助人們面對死亡所帶來的悲傷。

最後，必須邀請能理解你情緒的人陪伴，共度節日。這些人可以是親人或朋友，無論是一個人還是一班人，最重要的是能給你一個安心且無壓力的環境，不會問東問西，讓你在這些特殊的日子裏感受到關懷。

明仔的新婚妻子在某年 11 月因意外去世。在輔導面談中，他表示害怕孤單面對聖誕節、除夕和元旦，因為這些節日以往都是和妻子一同慶祝的。經過討論，他回想起已多年沒有與父母一起度過這些節日，最終決定邀請父母重遊孩童時期的地方和餐廳。雖然在節日當天，他仍會感到失落和難過，但這樣的安排讓他能夠安然度過。對於不少喪親人士而言，節日不再是快樂的時刻。強迫自己融入節日的氛圍，或逃避這些慶祝活動，未必是明智之舉。與其如此，不如為自己設定一個目標，帶著一絲懷念和傷感，平安地過節就已足夠。

作為喪親者的家人或朋友，你是否曾經經歷過以下的掙扎？當你知道一位親友剛經歷喪親，但在社交網站或其他朋友的口中得知他們已經重新開始生活，而且似乎過得不錯，亦不再表現出悲傷情緒時，你的心中難免會感到矛盾。儘管你仍然惦記著他們的情況，想要表達你的慰問，但看著他們似乎已經走出陰霾，你不禁心裏懷疑：這樣的關心是否會打擾到他們？

我認同並不需要時時刻刻表達慰問，過多的關心有時會讓對方感到煩擾。最有效的關心應該是合時而至。特定的節日或紀念日容易勾起對逝者的思念，因為這些日子強調與親人或摯愛共度時光。有些人在喪親後會努力填滿日常生活，以減少對死者的思念。這在平常日子或許有效，但在節日或特定紀念日來臨時，這種粉飾往往無法堅持。

我認識一位曾經歷流產的母親，她在輔導過程中表示自己已經適應了悲傷，日常生活和工作效率恢復如常。然而，她提到每年有兩個特定的日子，分別是孩子的預產期和母親節，心中仍然會感到無法言喻的悲傷，尤其是失胎後的第一年，這種感受更是強烈。

在這些特殊的日子裏，喪親者難免會觸景傷情。作為他們身邊的家人或朋友，如何表達關心是一個重要課題。如果能在這些日子之前，發送簡訊或寄送慰問卡，表達你的關心和祝福，這不僅不會讓對方感到反感，反而可能帶來意想不到的溫暖。

幾年前，我遇到一位約 20 歲的年輕人，他的母親因癌症去世。在提供了幾次輔導後，他的情況已大有改善，因此我沒有再約他見面。直到母親節前一天，我特意發了一條簡訊給他，表達我的關心和慰問：「你最近還好嗎？明天是母親節，相信會勾起你對媽媽許多的回憶，心情可能會難過。我仍然時刻惦記著你，希望你和你父親都安好。」

之後他回覆我，坦言過去一星期他確實感到十分難過，因為四周的人都在慶祝母親節，而他卻失去了母親。他感慨我是唯一注意到他情緒的人，並感謝我的關心，因為這份關心讓他感到被理解，並能夠在悲傷中找到一絲安慰。

我們的社會有時過於冷漠，許多人明白身邊的親友正在經歷不幸，卻因為擔心打擾對方而減少互動，甚至逐漸疏遠，這實在令人遺憾。如果你心中仍然惦記著對方的近況，與其猶豫不決，不如行動起來，因為我始終相信，人與人之間應該存在著關愛與溫暖。

| 第七章 |

香港生死教育探索活動

死亡是人生中唯一確定的終點，但它亦常被視為禁忌話題。近年來，隨著社會對生命教育的重視，香港出現了許多與生死相關的探索活動，透過多元化的形式，引導人們以嶄新的視角看待死亡的意義，同時重新審視生命的價值與態度。

這些活動旨在打破人們對死亡的恐懼和誤解，鼓勵人們正視並接受這不可避免的事實，幫助人們更深刻地理解生命的有限性，也促使他們反思自己目前的生活方式和人際關係。本章將闡述現今香港新興起的生死教育探索活動，與讀者分享其中的奧妙。

本章作者：劉銳業、梁樂燊、鄺汝澔

「吾生・悟死」生死探索之旅

「吾生・悟死」生死探索之旅，旨在透過深入的體驗和反思，讓參加者重新審視生命的意義與死亡的價值。活動由本地一個致力於推廣生命教育的非牟利機構聖雅各福群會主辦，結合文化導賞和模擬體驗，帶領參加者從不同層面思考生與死的議題。該活動主要面向全港中四以上的學生，帶領他們深入探索生命的意義。活動分為兩大部分：殯葬文化導賞與模擬死亡體驗，從文化、自然、心理多角度探討生命與死亡的關係。

在現代社會，人們普遍對死亡話題避而不談，對生死的意義缺乏深入認識。該活動旨在破除人們對死亡的恐懼與禁忌，幫助參加者更坦然地面對死亡，進而珍惜當下，活出精彩人生；深化公眾對生死議題的理解，讓參加者從死亡的視角重新看待生命；促進學生對環保殯葬（如海葬、花園葬）的認識，啟發參加者關注人類與自然的關係；以及幫助參加者整理內心的感受和價值觀，提升對家庭、愛與關係的重視。

殯葬文化的導賞之旅

活動的上午部分聚焦於香港的殯葬文化，從傳統習俗到現代綠色殯葬政策，逐步拆解對死亡的既定印象，帶來全新的認知。

導賞路線涵蓋了上環的文武廟、紅磡的觀音廟及北帝古廟，這些歷史悠久的場所承載著與死亡相關的傳統文化。導師詳細講解了「長生祿位」的用途，以及喪葬用品（如壽衣、棺木）的象徵意義。參觀壽衣專門店時，能夠清楚認識到這些物品不僅是儀式的一部分，更體現了生者對逝者的祝願與尊重。

下午的行程從傳統延伸至現代，參觀香港的火葬場及骨灰安置所。導師講解火葬設施的運作，並展示現代綠色殯葬的選擇，如海葬與花園葬。這些環保選擇不僅減少對土地資源的壓力，亦讓生命的終結融入自然的循環。這部分內容不僅拓寬了參加者對殯葬文化的認識，更啟發了關於死亡與環境、人類與自然聯繫的深層思考。

模擬死亡體驗：由死看生的感悟

完成導賞後，活動則以模擬死亡的形式，帶領參加者從個人層面反思生命的本質與價值。模擬死亡的體驗，從心理層面讓參加者感受死亡的臨近，進而重新審視生命的意義，激發內心的感恩及遺憾。

每位參加者領到一張象徵生命剩餘時間的刮刮咭。這項活動要求他們在有限的時間內回應三個問題：（1）生命中最重要的三個人是誰？（2）最珍貴的三件物品是什麼？（3）最難忘的三段回憶是哪些？參加者需要進一步排序及取捨，這一過程揭示了真正珍貴的，往往不是物質，而是愛與關係。若生命只剩下短暫的時間，是否曾珍惜與重要的人和事的相處？這是一個值得深思的命題。

接著，參加者會進行電子棺材體驗。參加者輪流進入模擬棺材，觀看一段名為「生命旅途」的影片。當身處棺材內時，無數問題浮現在腦海中：如果今天是人生的終點，是否已完成該完成的事情？是否曾對摯愛之人說出內心最重要的話？

體驗結束後，參加者會被要求設計自己的墓碑，並書寫一封給摯愛的遺書。在這些書寫中，回顧過往的一切，感恩與遺憾交織，形成了一場與內心深處的對話。這不僅是對死亡的模擬，更是一場對生命的療癒與啟迪。

反思與啟發：生命中最重要的是什麼?

活動的最後，透過導師的引導，許多參加者分享了他們的感受與反思。部分參加者表示，刮刮咭的活動讓他們第一次正視「時間有限」的事實，並意識到自己過去對重要關係的忽視。一位參加者說：「我從來沒想過，原來我重視不是我擁有多少，而是跟所愛的人相處了多少。」

電子棺材體驗則帶來更強烈的衝擊。一些參加者在模擬死亡的過程中，回顧了自己的人生，並感受到未竟的遺憾和對未來的期待。一位青年參加者分享道：「在那一刻，我才意識到未曾表達出來的愛意是如此沉重。我希望能夠在還有時間的時候，好好珍惜身邊的人。」

傳統殯葬文化到現代環保殯葬，活動幫助參加者理解生命終結的多元方式，並促進對環境保護的關注。模擬死亡的設計讓參加者從感官和心理層面觸碰死亡，使其更能接受「死亡」這一人生必經階段，並引導其重新審視生命價值。活動結合實地參觀和親身體驗，創造出理性與情感兼容的學習方式，提升生死教育的深度與實效性。

「吾生・悟死」生死探索之旅的最大價值在於，它讓參加者重新審視生命的意義，並鼓勵他們活在當下。死亡不再是一個冰冷恐懼的詞彙，而是一種提醒 —— 提醒我們時間有限，提醒我們珍惜愛與關係。這次活動帶來的啟發不僅僅是對死亡的理解，更是對生活熱情的重燃。正如一位參加者總結道：「死亡不是終點，而是在提醒我們，今日要活得充實，愛得無悔。」透過這場生死探索之旅，參加者不僅更了解死亡，也更懂得如何有意識地生活，珍惜生命中的每一分每一秒，活出精彩，活出無憾。

|「吾生・悟死」活動照片

｜「吾生・悟死」活動照片

你是其中一位走到生命盡頭的人。

生命教育大使
Life Education Ambassador
28/09/2024

公壽
2&4
Kung Sau
Funeral Service

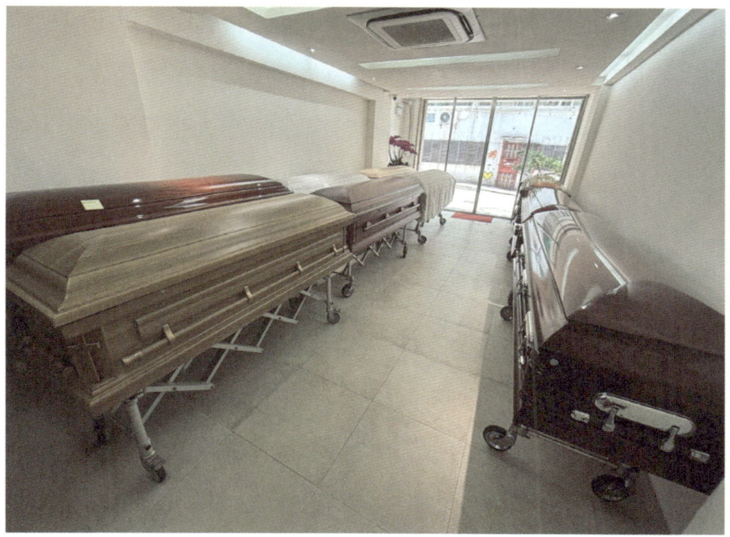

人生畢業禮

「人生畢業禮」活動旨在推廣生死教育，幫助人們以坦然、優雅的方式接受生命的終結。死亡是人生中不可避免的課題，但現代社會對此話題充滿迴避與恐懼，導致許多人在面對親人離世或規劃自身的後事時感到無措及有壓力。該活動希望通過寓教於樂的方式，啟發個人對生命、死亡與告別儀式的思考，讓參加者能提前設計屬於自己的獨特葬禮，從而更深入地理解生命的價值。

現代人多數對死亡話題避而不談，但死亡規劃不僅能體現個人價值觀，也能減輕家屬的負擔。活動希望達到以下目標：

- 幫助參加者坦然面對死亡，重新審視生命的意義。
- 教導參加者如何設計屬於自己的「人生畢業禮」，體現個人價值觀與獨特性。
- 推廣綠色殯葬理念，提升公眾對環保葬禮方式的認識與接受度。
- 減輕家屬在喪禮安排中的情緒及經濟壓力。

活動面向所有年齡層的成人，特別是希望提前規劃人生終點、對死亡文化感興趣或希望提升生死教育認知的群體。活動分為三個主要階段，結合講解、體驗和實踐，讓參加者在互動中學習和反思。

設計「人生畢業禮」

階段一：認識殯葬文化與葬禮形式

了解葬禮形式的多樣性，啟發參加者選擇最能代表個人價值觀的殮葬方式。

- **內容介紹：**導師詳細講解火葬、土葬、海葬及綠色殯葬的特點和意義，並結合現場展示，讓參加者更直觀地了解各種殯葬方式的流程與文化背景。
- **環保理念：**重點介紹綠色殯葬的創新形式，例如骨灰製成鑽石或可降解物件，讓生命回歸自然。

階段二：設計屬於自己的「人生畢業禮」

參加規劃工作坊，參加者分組進行創意規劃，設計自己的葬禮細節。參加者在互動中挖掘個人價值觀，設計一場獨一無二的告別儀式。

- **音樂與影片：**選擇葬禮歌曲，並設計播放的生活回憶片段，讓告別儀式充滿個人故事。
- **花卉與佈置：**選擇象徵自己特質的花卉與葬禮佈置主題。
- **遺物與展示：**挑選具有特殊意義的物品作為葬禮的一部分，例如手寫信、收藏物或畫作。
- **著裝要求：**設計親友的穿著風格，例如彩色服裝或主題服飾，打破傳統喪禮的沉重氛圍。

階段三：撰寫「人生畢業禮」計劃書

將所有設計細節以書面形式記錄，並學習如何妥善保存。專業律師或殯儀專員會指導參加者如何將內容納入遺囑，確保計劃書具法律效力。參加者可進行模擬體驗，在導師引導下想像自己的葬禮場景，進一步完善設計細節。最終形成完整的「人生畢業禮」計劃書，讓參加者帶著安心和自信面對未來。

反思與啟發：個性化融入生死教育

活動結束後，許多參加者分享了自己的感悟。一位中年參加者表示：「一直以來，我都迴避思考死亡，但原來死亡規劃並不是那麼沉重，反而是一種對生命的尊重。」另一位年輕參加者則說：「設計自己葬禮的過程，讓我重新思考自己生命中最重要的人和事。原來我還有好多未講出口的愛。」這些反思表明，活動不僅讓參加者對死亡有更深入理解，還啟發他們珍惜當下的生命，重視重要的關係與價值。

活動通過讓參加者設計自己的葬禮，將個性化融入生死教育，讓參加者更真切地感受死亡的意義。通過介紹綠色殯葬，活動將環保意識融入死亡文化之中，讓參加者重新思考人類與自然的關係。模擬體驗及計劃書的撰寫幫助參加者釋放對死亡的恐懼，並以更平靜的心態面對未來。

「人生畢業禮」活動是一場既充滿教育意義又充滿溫度的旅程。它讓參加者重新審視生命與死亡的關係，並為自己的生命畫下獨特的句點。通過設計屬於自己的告別儀式，參加者能更清楚地認識自己、珍惜當下，並以更從容、尊重的心態面對生命的終結。同時，活動推動了生死教育的創新，讓死亡不再是恐懼的話題，而是對生命的另一種體悟。

| 靈灰安置所

殯葬深度遊

近年生死教育備受關注，坊間一些志願機構及媒體，均透過「談生論死」了解生命的意義，希望建立市民正向的價值觀。坊間亦提倡身後事要「及早規劃」。以殯儀業界經驗，公眾對於死亡一直存有忌諱，甚少主動理解本地喪葬資訊，只靠零碎的社區善終講座，受眾及效果亦有限。

為了將「生死教育」及「殯葬資訊」兩者結合，2023 年底，聖雅各福群會「後顧無憂」規劃服務，聯同殯葬從業者合辦殯葬深度遊。

殯葬深度遊的內容

殯葬深度遊的行程，帶領參加者參觀九龍殯儀館，以及和合石墳場各設施，如土葬地段、永久金塔地段、火葬場、靈灰安置所（灰樓）、撒灰紀念公園及為流產胎而設的「永愛園」等。近期舉辦的殯葬深度遊，更會參觀紅磡殯儀街，介紹帛事花店及喪物紙紮舖，以及更多獨立活動，如海上撒灰體驗及棺木廠參觀等。當中，殯葬從業者會向參加者介紹本地殯葬流程及殯儀資訊，深入淺出地讓參加者了解及體驗本地人臨終前要面對及考慮的問題，適時規劃自己的身後事。

參加一次殯葬深度遊，約花四小時。為避免妨礙公眾真正的喪葬日程，活動舉辦的日子，都會選擇傳統不宜「行喪」的日子進行。

反思與啟發：殯葬知識普及化

活動後，參加者表示對於了解本地殯葬文化及流程感到滿意且有所收獲，同時也認識到生命的重要性。近年來，市民對於死亡的忌諱逐漸減少，對殯葬知識的需求增加。將殯葬知識普及化，這需要整個社會的共同努力。教育界、社會福利界及殯儀業界等不同界別，應共同推動生死教育，互相合作。

| 殯葬深度遊

祥 興 物

跨越生死博覽會

香港理工大學專業及持續教育學院學生事務處於 2025 年 2 月 27 日在理大西九龍校園舉辦首屆跨越生死博覽會。該博覽會源自院校過去舉辦的各類生死教育活動，包括參觀殯儀館、墳場、東華義莊，以及講座和欣賞電影《破・地獄》。這些活動喚起了大專生對生死教育及殯儀業界的興趣及探索。

此次跨越生死博覽會由食物環境衛生署、殯儀業界（包括：黑白灰藍）、生死教育機構（包括：慰心善終服務、盈文化藝術中心、東華三院、毋忘愛、潮汕文化協會、有時有限公司）共同合作舉辦，旨在讓大專生重新反思自己的人生，從死亡中看到生命的價值，珍惜當下。同時，希望大專生能夠適時規劃未來並了解身後事的準備及安排。此外，殯儀業界和生死教育工作者也將分享殯儀業各個職位的工作經驗和故事，使大專生加深對殯儀業發展的認識。

活動內容主要分為三個部分：

- 展覽攤位，包括：互動遊戲、生前契約春秋二祭之習俗、盂蘭勝會之來由及文化、潮州工夫茶示範及品嚐、個性化環保喪禮、生死教育桌上遊戲、綠色殯葬實務資訊。
- 講座，包括：綠色殯葬、個性化環保喪禮、生前派對、殯儀策劃師的工作日常、生前契約。
- 生死教育音樂表演。

整個活動旨在探討喪禮禮儀及死亡的意義，並在殯儀的傳統與現代期望之中尋找新的方向。「文化傳承，承傳世代」強調將傳統與現代創新殯儀文化融合。參與者重新思考自己的人生故事，認識如何增強往生者與親屬之間的連繫性，以及理解「五道人生」，包括：道謝、道愛、道歉、道諒、道別。

| 跨越生死博覽會

毋忘愛
FORGET THEE NOT
毋忘語事

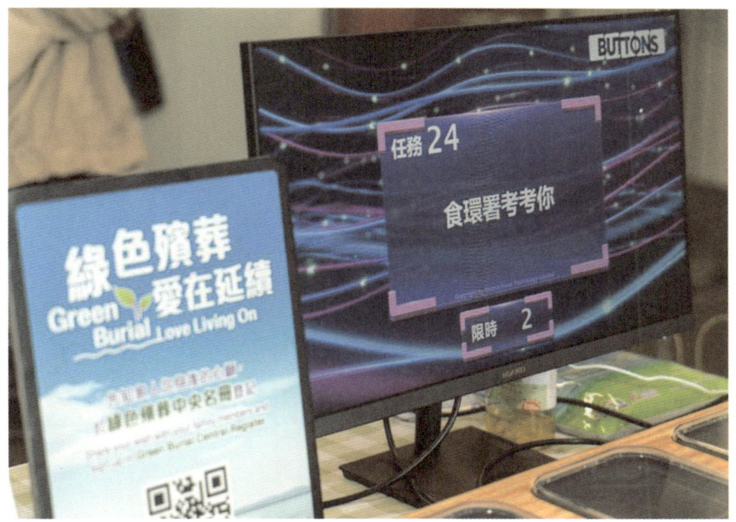
BUTTONS
任務 24
食環署考考你
限時 2
綠色殯葬 愛在延續
Green Burial Love Living On

J 樂舍

J 樂舍是一個由香港理工大學專業及持續教育學院學生事務處聯同聲形藝術製作有限公司共同創立的頻道，主要以訪談形式進行。J 樂舍目前將訪談紀錄片上載至 YouTube，並在社交媒體平台 Facebook 及 IG 同步更新有關最新生死教育消息及轉載訪談紀錄片。J 樂舍的創立是香港理工大學專業及持續教育學院學生事務處生命教育活動的延伸，旨在推廣生死教育、流行音樂文化及藝術。J 樂舍定期邀請不同嘉賓進行清談訪問，嘉賓包括生死教育研究者、相關工作者、文化藝術界人士、歌手及藝人等，以多角度探討生死教育，向觀眾傳遞生死教育的信息。

| J 樂舍 Logo

J 樂舍通常邀請嘉賓分享其過去的特殊經歷、加入殯儀業的過程、人生迷茫時的體驗以及人生的歷練，藉此傳遞積極的人生觀。頻道旨在讓參與者重新反思自己的過去，並將珍貴的回憶呈現給觀眾。一些感人的故事或經歷能引起觀眾的共鳴，同時也可作為生死教育的教材。參與者感到欣慰的是，他們的言談和故事得以被記錄下來，並可傳承給下一代。目前專門針對生死教育的頻道並不多，這一創新平台恰好填補了高等院校在生死教育領域的不足，使大眾能夠以開放的態度了解生死。

| J 樂舍頻道上載的短片

| 附　錄 |

我們的生命故事

本附錄的每一位受訪者，來自不同的年齡層，擁有不同的職業背景、價值觀，甚至不同的宗教信仰。他們對於生死的觀點可能截然不同，但正是這些差異，讓我們能從多角度去理解生命的複雜與美麗。他們的多樣性正是這些訪談的核心價值所在 —— 讓我們看到，在生命這條共同的旅程中，無論身處什麼位置，每個人都在用自己的方式探索生命與死亡的意義。

這些訪談及自述不僅僅是分享經歷，更是一扇窗戶，讓我們可以窺見不同的人生視角；同時也是一面鏡子，讓我們反思自己對生命的態度。當我們聽到來自不同背景的聲音，感受到截然不同的價值觀時，會發現原來面對生死的問題，每個人都在用自己的方式交出一份答案。而這些答案，沒有對錯，只有無限的啟發。

本章作者：劉銳業、梁樂燊

|訪談|

馬子謙：死亡是一種特別的存在

馬子謙是一位中六學生，人生軌跡似乎充滿無限可能。他對醫療行業懷有濃厚興趣，同時對商業世界躍躍欲試；他 16 歲開始接觸攝影，18 歲便已成立了屬於自己的製作公司（Production House）。他的青春充滿挑戰與夢想，但當談及「死亡」這一話題時，他顯得格外冷靜，充滿思考。

「死亡是一種特別的存在。」馬子謙語氣堅定卻又帶著輕柔。他認為，死亡是一個人從小到大都會接觸到，但永遠無法真正理解的概念。年少時，對死亡的恐懼可能來自於未知——「沒有人知道死後會發生什麼，只知道死去之後，再也無法見到身邊的人。」但隨著年歲漸長，當人見證更多生老病死，死亡在他眼中漸漸變得不那麼可怕，甚至多了一層哲學意義。

死亡是一種解脫？

馬子謙特別提到他的高齡親戚——一位 95 歲的老人，長年臥床，行動不便，並患有多種疾病。對於這位親戚而言，95 年的人生已經歷過無數風浪，甚至已感到滿足，沒有太多未竟的遺憾。「死亡，對他來說，或許是一種解脫。」馬子謙這麼說。

他的語氣中帶著一份對生命循環的理解。在他看來，死亡未必一定是痛苦或恐懼的象徵，有時候，死亡可能只是一種平靜的告別，一個讓人擺脫痛楚的出口。

死亡的另一種詮釋

馬子謙的思考提醒了我們，死亡對於不同年齡層和處境的人來說，可能具有截然不同的意義。對於年輕人而言，死亡是未知，是恐懼；但對於經歷過漫長人生的人，死亡可能是一種圓滿、一種釋然。馬子謙雖然年輕，卻可用一種成熟的眼光去理解死亡，這種觀點讓人不禁反思，我們是否應該在人生的每一個階段重新審視自己對死亡的態度？

或許，死亡並不是一個終點，而是另一種形式的延續；又或許，我們對於死亡不需要過分恐懼，而是要學會珍惜生命。

| 馬子謙攝影工作照

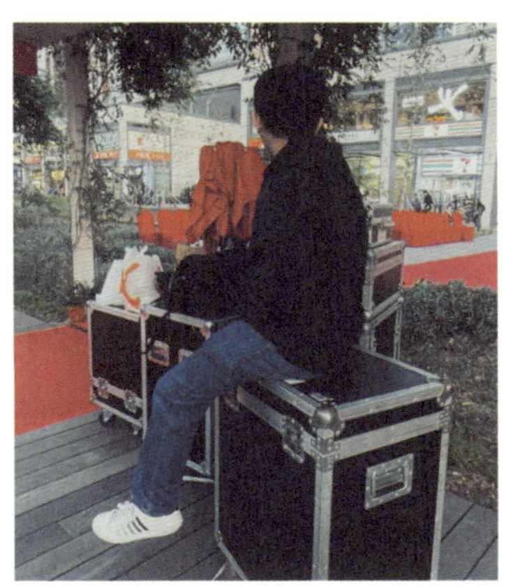

李海誠：死亡是一場被記住的旅程

李海誠是一位中五學生，小學二年級時從家鄉來到香港。他的成長經歷充滿了好奇及探索，曾接觸過蝴蝶保育、3D 打印和攝影等多個領域，並對工業設計抱有濃厚興趣。然而，隨著時間的推移，他對未來的規劃逐漸轉變，最終希望投身社工行業，用自身的經歷幫助更多人。

當談及「死亡」這一話題時，李海誠的回答冷靜而清醒，甚至帶有哲學意味。「死後究竟是什麼樣子，我一無所知。」他坦率地說。對於佛教所講的輪迴，或者基督教中提到的靈魂不滅，他表示自己無法確定，但有一點是他深信不疑的——「我不會就此消失。」

被遺忘才是真正的死亡

李海誠對死亡的理解，超越了傳統對生死輪迴或天堂地獄的想像。他更加關注的是「被遺忘」。在他看來，肉體的死亡並不是最可怕的事情，因為死後或許還有輪迴，靈魂可能繼續存在於某個地方。但若一個人被朋友和家人完全忘記，那才是真正的死亡。「肉體的消失是自然法則，但如果沒有留下任何痕跡，就像在這個世界上走了一圈，卻什麼都沒有留下，那才是真正的毫無意義。」

他的這番話讓人聯想到沙灘上被浪花沖走的腳印，或風中飄散的灰燼。對李海誠而言，死亡並不是一個終點，而是一場關於記憶與痕跡的考驗。

活在當下，做好每一件事

「與其擔心死後的世界，不如多關心現實世界的事情。」李海誠的看法顯得格外務實且富有智慧。他認為，比起浪費時間思考死後世界的模樣，更重要的是活好當下，去完成未完成的事，去珍惜身邊的每一個人。對他而言，死亡並不是必須時刻憂慮的事情，而是一個遙遠但必然到來的節點。「關於什麼死後世界，到了快死的時候再想也不遲。」他笑著說，語氣中透著一種年輕人中罕有的灑脫。

| 李海誠與寵物狗的合照

留下痕跡，超越死亡

李海誠的看法引發一個更深層次的思考：一個人存在的意義，究竟在於什麼？對他而言，意義在於一個人留在這個世界上的痕跡。無論是作品、關係，抑或他人對自己的記憶，只要有人記得，死亡便不會成為真正的終結。他這種理性又豁達的態度，值得反思 —— 真正值得畏懼的，或許並非死亡本身，而是在生命結束前，未曾好好活過，未曾留下值得被記住的事物。

在李海誠看來，死亡是一場旅程，而這場旅程的意義，在於能否被記住。在有限的生命裏，只有用行動留下痕跡，才能讓自己的存在超越死亡，延續於歷史與記憶之中。

伍禮賢：生命的終章，如輕煙般隨風而逝

伍禮賢，24 歲的大學四年級學生，現時亦任職記者，對世界懷抱著無盡的好奇心，也在探索並尋找生命的美妙。16 歲踏入社會工作，年紀輕輕便開始經營僱傭公司及投身保險業。如今，他在紙媒工作，細練文筆，希望將事業推向更高峰。這樣一位充滿動力的人，對於死亡這個話題的看法卻顯得平和而深刻。

「命裏有時終須有，命裏無時莫強求。」伍禮賢以這句話開啟了他對死亡的理解。在他眼中，死亡並非一個終結，而是人生循環中的尾段，是每個人都無法避開的必經階段。他將人生比作一筆債務 ——「如何完善規劃和生活，才是你的最終目標」。而死亡，則像是一張「人生成績表」，記錄著你如何度過這一生。

珍惜當下，回味過往

雖然死亡意味著與家人和朋友分離，但伍禮賢相信，生命的價值在於珍惜曾經擁有的經歷。「只要珍惜過往和他們的經歷，死亡反而會讓那些回憶更具韻味。」他並不畏懼死亡，反而認為它是一縷輕煙，瞬間即逝。正因如此，他強調「活在當下」的重要性，因為人生的精彩不在於它的長短，而在於你

是否用心體驗過每一刻。

與海共存，為人生畫上句號

伍禮賢對於死後的安排也有自己的想法，他希望自己能夠自然地離世，並將骨灰撒進大海。他說：「我喜愛海洋，海納百川，有容乃大。如果我的骨灰能撒進大海，就像和大海共存一體。」這樣的安排不僅是他對海洋的熱愛，也是他對人生的理解——即便離世，依然以某種形式留在這片他熱愛的世界中。對他而言，這不僅是一種歸屬，也是一種延續。

| 伍禮賢工作照

伍禮賢希望，當人們回憶起他時，能記得他是一個熱愛海洋的人，一個懷抱探索精神、熱愛生活的人。這樣的結局，便是他為自己精彩人生畫上的完美句號。

死亡是一種釋然

伍禮賢的話，讓人感受到一種超越年齡的豁達。他不將死亡視為恐懼的存在，而是將它看作一個生命循環的終章。他相信，人生的意義在於如何活出精彩，而不是追求對死亡的答案。就像他說的那樣：「死亡就如一縷輕煙般瞬間即逝，人生是一個很奇妙的旅程，不要懼怕死亡，請活在當下。」

利家駿：
無遺憾的告別，才是理想的死後世界

利家駿，一位大學二年級的學生，同時也是香港基本法基金會的校園聯絡員。在他的生命故事裏，死亡這個詞曾經是一個遙遠而模糊的概念，直到命運安排他接連面對至親的離別，才讓他開始深刻思考死亡的意義，以及經歷死亡對生命的啟示。

從遙遠到迫近：死亡的影響

「2022 年的時候，死亡這個字離我很遠。」利家駿回憶起從前，對死亡的理解只停留在 2010 年外婆病逝時的記憶。那時候的他，還是一個小孩，對生命的終結並沒有太多感觸。即使在中小學的日子裏，死亡也從未成為他需要面對的課題。

直到 2023 年初，他最年輕的表哥因腦癌離世，從初次病發到病逝，僅僅半年時間，而利家駿甚至未能見上表哥最後一面。一年半後，大舅父又毫無徵兆地離世。這些突如其來的變故，讓他開始害怕 —— 害怕自己也會如此突然地離開，使身邊的人猝不及防。

「我到現在依然覺得，他們離開的事實非常不真實。」這種不真實感源自於他未能親眼見證，甚至因為工作和學業錯過了祭拜的機會。這些遺憾，讓他更加深切地意識到，生命是如此脆弱，死亡可能隨時到來。

珍惜當下，避免遺憾

正因如此，利家駿比以前更懂得珍惜身邊的人，尤其是和父母相處的時光。他說：「既然人總會有這一關，何必理會這一關何時來，倒不如趁它來之前，做自己想做的事，說自己想說的話。」這句話，聽起來簡單，卻蘊含著極大的勇氣和智慧。

對他而言，比死亡更可怕的，是帶著遺憾離開，或者是身邊的人因自己的離去而感到遺憾。所以，他選擇活在當下，努力珍惜每一個與親人相處的瞬間，努力完成自己想做的事，說出自己心裏的話，讓每一天都不留白。

| 利家駿旅遊的照片

理想的死後世界：無遺憾的離別

談到理想的死後世界，利家駿並沒有描繪天國的美景，也沒有提到靈魂的延續，而是用一種更貼近現實的方式來表達：「我希望我可以無遺憾地離開，而我身邊的人可以無遺憾地坦言接受我的離開。」對他而言，理想的死後世界並不是關於他自己，而是關於如何讓身邊的人能夠平靜地接受他的告別。

這種願望，既體現了他對死亡的坦然，也表達了他對家人和朋友的深切關懷。他希望，當那一天到來時，他的生命已經被他活得足夠精彩、足夠充實，而他身邊的每一個人，都已經準備好接受他的離別，沒有遺憾，沒有不甘。

生命的課題：在有限中活出無限

利家駿的故事，讓人深刻感受到死亡並不可怕，可怕的是在死亡來臨前，我們沒有好好珍惜生命，沒有留下足夠多的愛和回憶。他的經歷提醒我們，生命雖然有限，但在有限中活出無限，才是對死亡最好的回應。

或許，我們無法選擇何時離開，但我們可以選擇如何活著。我們可以像利家駿說的那樣，趁死亡還未來臨之前，努力完成自己想做的事，珍惜與每個人的關係，讓自己和身邊的人都能坦然面對那一天的到來。

死亡不可控，但生命可以精彩。這或許就是利家駿的故事給我們的啟示。

陳啟康：
後世界的延續，存在於時空的影響力中

陳啟康，一位富有創意與理性的創新科技創業家，習慣以科學的視角去看待人生。他對於死亡的理解，並不帶有過多的宗教色彩或情感投射，因為對他而言，死亡是一個無需被過度神化的自然現象。或許正如他自己所說：「家人還健在，還未能身臨其境去對待死亡所帶來的感情。」但當談及「死後世界」這個話題時，他的回答卻顯得格外理性又深刻。

意識終結，但影響延續

「我覺得死了就是死了，沒有任何意識，沒有靈魂。」陳啟康坦然地說。他認為，死亡並非進入某種永恆的靈性世界，也沒有靈魂的延續。死亡，僅僅是生命的一個終結，是個體意識的消失。這樣的觀點，或許在某些人眼中顯得冷漠，但陳啟康的重點並不在於死亡本身，而在於死亡之後留下的影響。

他認為，雖然我們的意識會隨著死亡消散，但我們的足跡卻會殘留在我們曾經經歷過的時空片段中——那些曾經與我們共處的人，會因為我們的存在而留下記憶，甚至產生思念、愛恨或釋懷的情感。「可能在某一瞬間，會想起我曾經做過的事情，影響到他的決定，有正面，有負面，或者觸發蝴蝶效應。」在他眼中，死亡並不意味著一切結束，而是生命影響力的延續。

死後世界是當下的延續

陳啟康的「死後世界」觀點，並非傳統意義上的天堂或地獄，而是一種基於現實的「影響力理論」。他認為，我們的死後世界其實由我們的「當下」所塑造——我們活著的每一刻、所做的每一件事，都會在其他人的生命中留下痕跡，而這些痕跡將成為我們死後影響力的延續。

「就像一個偉人，或者大壞蛋，他們的時空片段至今仍影響著我們。」陳啟康舉例說明，那些在人類歷史上留下深刻印記的人物，無論是正面還是負面的影響，都依然透過歷史的傳承影響著我們的思想和行為。而這，正是他眼中的「死後世界」。

| 陳啟康（左）與筆者（梁樂燊，右）的合照

蝴蝶效應：生命的持續影響力

陳啟康尤其強調了「蝴蝶效應」的概念。他認為，我們生命中的每一個決定、每一個行動，都可能在未來的某個時空中產生連鎖反應，影響他人甚至社會的發展。「死後的世界不是我們自己的存在，而是我們的影響力如何在這個世界上延續。」這種理性但帶有哲學的觀點，將死亡與生命的意義緊密連結在一起。

死後世界的真諦

陳啟康的觀點，讓人深刻反思：如果我們的死後世界是由我們活著時的行為和影響構成，那麼我們應該如何活在當下？是選擇做一個讓人懷念、感激的人，還是讓人痛恨、遺憾？他用一種科學與哲學交織的方式提醒我們，生命的價值不僅在於自己如何活著，更在於我們如何影響這個世界。

陳啟康的「死後世界」不是關於靈魂的延續，也不是一個具體的「彼岸世界」，而是我們在世時留下的影響。在他看來，死亡是意識的終結，但生命的影響力卻會在我們的足跡中延續下去，觸發一陣陣無形的蝴蝶效應。

或許，這種觀點正如他所說的那樣：「死後的世界是由我們生活的當下來影響的。」這句話既充滿理性思辨，又隱含著對生命的深刻洞察。陳啟康的故事提醒我們，無論生命多短暫，我們都可以用自己的行動在時空中留下持久的痕跡，為這個世界帶來改變。這或許就是我們的「死後世界」。

葉俊麒：
上帝的禮物，活在當下的光和暖

葉俊麒，32 歲，一位基督徒理財顧問。他的生命故事如一條蜿蜒曲折的河流，既有青春熱血的高峰，也有徘徊孤寂的低谷。他坦言，他曾經是一個充滿理想的熱血青年，懷抱著改變世界的夢想，在大學時期創業，希望藉此發揮自己的才能，成就一片天地。然而，現實的殘酷與生命的無常，讓他逐漸認識到自己的渺小，也促使他重新審視生命的意義。

理想與現實的碰撞

「後來投身社會，發現很多事情都未能如預期一般，才發現自己的渺小。」這句話，道出了葉俊麒對現實的深刻理解。曾經站在高峰的他，也曾經跌落低谷；他有過重視的人，也曾經被重視的人在最難過的時候離棄。這些生命中的波折，讓他逐漸從一個執著於理想的青年，成長為一個更懂得平衡現實與信仰的成年人。

基督徒的信仰：永生與天國的樂土

作為一位基督徒，葉俊麒相信死後的世界充滿光明，他相信永生，相信天國的樂土。然而，這份信仰並沒有讓他沉溺於對未來的依賴，反而讓他明白了一個更重要的道理 —— 不沉溺於過去，亦不過分依賴將來，單單活在現在這一刻這一分這一秒。對他而言，生命的美好並不在於對過去的懷念或對未來的憧憬，而在於當下的感受。在每一個當下，體會生命的存在，便是上帝賜予的最珍貴的禮物。

珍惜生命的光和暖

葉俊麒認為，生命的美好在於簡單地珍惜現在所擁有的一切。「即使在最黑暗的環境，也能感受到那份漆黑中的曙光和溫暖，這就是最美好的禮物。」他相信，上帝創造死亡的目的，是為了讓人們懂得珍惜生存的美。死亡並非終結，而是一個提醒 —— 提醒我們不要將時間浪費在悔恨過去或擔憂未來

| 葉俊麒（右）與筆者（梁樂燊，左）的合照

上，而是要好好地活在每一個當下。

這份對生命的理解，讓他在黑暗中依然能看到光亮，在低谷中依然能感受到溫暖。他認為，生命中的每一刻都蘊含著上帝的恩典，而我們需要做的，就是張開雙眼去看，張開雙手去接住這些恩典。

生命是一份禮物

葉俊麒的故事讓人明白，死亡並不可怕，反而是生命的一部分，是上帝為我們設計的終點。正如他所說：「也許上帝創造死亡，是為了讓人們懂得珍惜生存的美。」如果沒有死亡的存在，我們或許不會真正明白生命的可貴，不會珍惜與家人、朋友共度的時光，也不會感受到那份漆黑中的曙光及溫暖。

葉俊麒的故事，是一份對生命的啟示。他讓我們看到，即使經歷過高峰與低谷，擁有過、失去過，我們依然可以選擇以感恩的心面對生命，選擇珍惜當下的每一刻。死亡並不可怕，因為它是生命的一部分；而生存，是上帝送給我們的一份禮物。只要我們學會珍惜這份禮物，生命就能綻放出最美的光芒。

無論過去如何，未來如何，最重要的，是此刻的我們，能否用心去感受生命的存在，用愛去珍惜身邊的一切。這或許就是葉俊麒希望傳遞給我們的生命哲學。

李銘浩：
死亡的提醒，生命的珍惜

李銘浩是一位會計師與財務分析師，習慣在數字與理性中追尋答案。然而，對於死亡這個無法量化的命題，他的思考卻帶著深厚的情感與哲理。作為一個經歷過親人離世的人，他對生命的脆弱有著切身的體會，更因這樣的經歷而重新審視生命的意義。

突然的告別，改變了所有

「生有時，死有時。」李銘浩坦言，他對死亡本身並沒有太大的恐懼，但他害怕的是死亡的突然降臨，因為這種毫無徵兆的告別往往帶來巨大的衝擊。前年，他的一位親人因急病去世，這件事深深影響了他的家庭。原本日常的生活習慣和家庭聚會都因此改變，讓他意識到人的生命是十分脆弱的，也讓他開始反思，自己努力追求的目標，是否真的能承載生命的意義。

「人的脆弱，讓我重新思考生命的價值。」他說，這次經歷讓他明白了珍惜當下的重要性，因為無論我們如何努力計劃，死亡的到來往往不以人的意志而轉移。與其把時間浪費在遺憾和焦慮中，不如在每一刻都用心，與身邊的人真心相處，共享每一份歡樂與平靜。

喪禮上的對比：安詳與悲痛

隨著年歲的增長，李銘浩發現自己參加的喪禮愈來愈多。每一次喪禮，他都能感受到一種強烈的對比 —— 死者安詳地躺著，而家屬和朋友卻悲痛欲絕。他說：「死者看起來那麼安詳，卻再也無法體驗這個世界或表達自己的感受。」這份對比讓他不禁思考，人死後究竟會是什麼樣子？但無論答案如何，一個事實是不變的 —— 死者已無法再參與這個世界，而活著的人還要繼續生活。

每一次喪禮，對李銘浩而言，都是一種提醒 —— 提醒自己生命是有限的，提醒我們要珍惜每一刻。死亡並不可怕，可怕的是我們活著時未能好好珍惜，未能將生命中的每一分每一秒過得有意義。

| 李銘浩（左）與筆者（梁樂燊，右）的合照

生命的哲學與死亡的啟示

李銘浩認為，死亡的存在讓生命更加珍貴。如果沒有死亡，或許我們不會如此深刻地體會到活著的價值。他說：「生命是有限的，我們應該珍惜當下，珍惜活著的每一刻。」這種對生命的態度，源於他對死亡的思考，也源於他對親人離世的切身感受。正是因為生命有限，我們才應該在有限的時間裏，用心去感受每一次相聚的溫暖，用愛去對待身邊的每一個人。

或許，死亡的真正意義並不是終點，而是一面鏡子，讓我們反觀自己的生活，讓我們明白什麼才是真正重要的事。李銘浩的故事提醒我們，死亡不可避免，但我們可以選擇如何活著。無論是與家人共度的時光、與朋友的歡笑，抑或是追求自己熱愛的事物，這些都是生命中最值得珍惜的部分。

生命中的新視角

李銘浩的經歷，讓我們看到死亡並非只帶來悲傷，它同時也為生命提供了新的視角。死亡的突然與無常，提醒我們不要把時間浪費在不值得的事情上，而是應該用心去生活，珍惜每一刻，感受生命的每一次跳動。

或許，我們無法控制死亡的到來，但我們可以選擇如何度過生命中的每一天。李銘浩用自己的經歷告訴我們：「生活的美好，在於我們能夠與身邊的人共享每一刻。」這份對生命的熱愛，正是對死亡最好的回應。

劉進業：死亡是一場等待發掘的冒險

劉進業，大家習慣叫他「業仔」，是一位大專二年級的學生。小學二年級時，他的父親因病離世，這段經歷讓他對「死亡」這個話題有著比同齡人更深刻的思考。雖然年幼時曾感到茫然與失落，但隨著年齡的增長，他選擇以理性和好奇心去面對這個不可避免的現實。作為一名堅信科學的年輕人，他用自己的方式詮釋了對死亡的理解。

死亡是一場未知的冒險

劉進業對死亡的看法與眾不同。他認為，死亡並不是單純的消失，也不是一個需要避而不談的話題，而是一場等待發掘的冒險。「死後的世界是一場冒險，等著我去探索這個未知的領域。」他這麼說道，語氣中透著一絲對未知的興奮與期待。

他坦言自己並不相信傳統宗教中關於死後世界的說法，例如天堂、地獄或輪迴。在他看來，這些描述更像是人類用來填補未知恐懼的故事。但同時，他也認為，正因為沒有人確切知道人死後會發生什麼，所以死亡本身充滿了可能性。「正如科學探索一樣，未知的領域總是最吸引人的。」他解釋道。

對生命的尊重與熱愛

雖然業仔認為死亡是一場冒險，但他並不因此而輕視生命。他強調：「我們不應該因為對死亡的期待而輕易放棄生命。」在他眼中，生命是一次有限而珍貴的旅程，每一天都值得我們認真對待。他認為，只有用心過好每一天，在有限的時間裏實現自己的價值，才能不辜負生命的意義。

「冒險的開始，應該是自然到來，而不是人為結束。」他說道。他鼓勵身邊的朋友珍惜當下，無論遭遇什麼困難，都應該以積極的態度去面對，因為生命的每一刻都承載著獨特的意義。

從失去到成長：對死亡的理解

業仔年幼時失去父親，這段經歷曾讓他對死亡充滿恐懼與不解。但隨著時間推移，他逐漸明白，死亡並不可怕，真正可怕的是沒有意義地虛度生命。他的父親雖然已離世，但留給他的記憶與教誨，依然深深影響著他的人生。這些珍貴的記憶，讓他學會了如何以更積極的心態面對生命中的失去。

「父親的離開教會了我，死亡並不是一切的終結，反而是一種延續。」他認為，逝去的親人會以另一種方式活在我們的記憶裏，成為推動我們前行的力量。

以平和心態迎接未知

劉進業的觀點讓人耳目一新。他既不逃避死亡，也不過分依賴傳統的解釋，而是用一種科學與好奇心驅動的方式去理解死亡。他相信，死後的世界雖然未知，但這種未知不應該成為恐懼的來源，而應該成為對生命的另一種期待。

「我們無法控制死亡何時到來，但我們可以決定如何過好生命的每一天。」他說道。他希望透過自己的努力，在有限的生命中留下值得被記住的故事，並以平和的心態迎接死亡，當它如冒險的邀請般到來時，他將帶著好奇與勇氣踏上這段旅程。

| 劉進業射箭的照片

從未知中尋找意義

劉進業的故事，讓我們看到了年輕人對死亡的另一種詮釋——死亡不再是令人畏懼的終點，而是一場充滿未知及可能性的冒險。正因為未知，我們才更應該珍惜當下，努力活出生命的精彩。他的經歷與思考提醒我們：無論生命多麼短暫，認真地活著、真心地愛著，才能讓死亡不再是恐懼，而是一次值得期待的延續。

蘇卓鑫：
創業是活在當下的實踐，平等是理想的追求

蘇卓鑫剛於明愛白英奇專業學校畢業，對未來方向尚未完全確定。然而，與不同人士的交流，偶然地啟發了他的創業想法。2024 年 1 月，他毅然成立了自己的公司 —— Yam Studio，業務範圍涵蓋派傳單、洗樓和貼海報等工作。蘇卓鑫用行動詮釋了自己的理念：抓住當下，珍惜每一個機會，為自己的理想世界努力。

沒有死後的世界，把握當下

蘇卓鑫的世界觀深受他對生命與死亡的看法影響。他認為，「死亡之後沒有世界，人只停留於這段時間」。這種觀點讓他深刻意識到生命的有限性，也促使他更加珍惜當下。他認為，若不把握當下，許多機會和事物將會悄然流失，無法挽回。

「與其等待，不如行動。」這是他對生命的態度。他不相信所謂的死後世界，因此更加注重眼前的生活，努力實現自己的價值。他的創業行動便是這種信念的具體體現 —— 從基礎的業務著手，在有限的時間裏創造更多的可能性。

理想的世界：人人平等，共享美好

蘇卓鑫的創業並不僅僅是為了個人的財務自由，而是承載著他對理想世界的追求。他認為，現實世界中，許多美好的事物往往由一部分人努力創造，但這些成果最終只屬於少數人。這種不平等讓他感到不安，他希望建立一個「人人平等、人人能夠共享美好事物」的世界。

「每個人都應該有權利享受這個世界的美好。」蘇卓鑫堅信，無論富貴貧賤，每個人都應該擁有平等的機會和權利。他希望透過自己的努力，推動這種平等的實現，讓更多人能夠享受曾經被壟斷的資源和機會。

從小事開始改變世界

Yam Studio 的成立，是蘇卓鑫將理想落地的第一步。公司的業務看似平凡，主要有派傳單、洗樓和貼海報等工作，但對他來說，這是一個起點。他深信，改變世界並非一蹴而就，而是需要一步步地努力，從小事開始累積影響力。

Yam Studio 的其中一個業務是在街頭派傳單，而這項業務對蘇卓鑫的影響尤為深刻。公司在招聘員工時，特意聘請了一些弱能人士，為他們提供進入社會就業的機會。這些員工的努力讓他感受到，即使身體存在缺陷，他們仍然擁有無限的可能性。

「健全的身體並不是與生俱來的。」蘇卓鑫透過與弱能人士的接觸，深刻體會到這一點。他更加堅定了自己的理念：希望社會能夠包容每一個人，讓所有人享有平等待遇。他相信，給予弱勢群體機會，不僅能幫助他們融入社會，也能讓整個社會更加和諧與平等。

創業的初心：用行動推動平等

蘇卓鑫的創業精神，體現了他對生命的尊重和珍惜。他認為，生命的意義在於行動，唯有透過不斷努力，才能在有限的時間裏實現自身的價值，並為他人帶來影響。他的理念不僅停留在口頭上，而是落實到行動中 —— 透過 Yam Studio 的業務，蘇卓鑫一步步地將自己的平等理想融入現實，為社會帶來更多的改變。

| 蘇卓鑫工作照片

他認為，哪怕只是微小的努力，都可能帶來深遠的影響。每一次派傳單的機會、每一份貼海報的工作，都是他推動理想世界的一部分。他希望透過這些看似平凡的工作，讓更多人感受到社會的支持與包容。

為他人創造可能

蘇卓鑫的故事，是一個年輕人如何用行動詮釋自己價值觀的生動範例。他對死亡的獨特看法使他更加珍惜當下，並用創業的方式將自己的理想世界付諸實踐。他相信，生命的意義在於努力抓住每一個機會，並為他人創造更多可能性。

朱新倫：
人生是一場旅行，死亡是自然的終點

76 歲的朱新倫，人稱「朱婆婆」，是一位樂觀開朗的長者。她曾參與無綫電視（TVB）節目《開心老友記》「老友記盡顯耆才」環節的拍攝，展現長者多姿多彩的生活態度。對於生與死，朱婆婆看得非常豁達，認為這是自然的定律，是每個人都必經的階段。她的樂觀心態和開放的想法，為我們帶來了對生命與死亡的一種新視角。

死亡是自然的規律，家屬不必悲哀

朱婆婆坦言，對於生與死，她早已看開。她認為，人老了，自然就會死，這是生命的規律，無需抗拒。「最好就是健康，自然老去。」她說道。在她看來，死亡並非悲哀，而是生命旅程的一部分。她甚至提到，當一個人自然老去後，家屬其實不應該感到過度悲傷，因為這就是生命的必然結果。

朱婆婆形容人生為一場旅行，長命的人，只不過是在這場旅行中「玩久一點」。這種比喻簡單卻深刻，提醒人們要珍惜當下，享受旅程的每一刻，而不是過度執著於旅程的終點。

骨灰安置：不拘形式，回歸自然

與許多人對骨灰安置的傳統觀念不同，朱婆婆對此有著獨特且現代化的觀點。她坦言自己不喜歡將骨灰安置於指定的地方，例如龕位或墓地。她甚至提到，希望將自己的骨灰撒在花園，讓它回歸自然。「就算是皇帝的墓碑，遲早也會破爛。」她用這句話表達了對生命短暫性的深刻理解，並強調形式上的紀念並不是最重要的。

朱婆婆的理念充滿了對自然的尊重和對死亡的坦然接受。對她而言，死亡並不是需要被特別紀念的事件，而是人回歸自然的過程。

未雨綢繆：為死亡做好準備

朱婆婆認為，雖然死亡是自然的過程，但仍然有必要提前為自己做一些規劃。她提到，現時香港有許多社區中心專門幫助長者進行人生的規劃，例如協助立遺囑、安排身後事等，這對於一些沒有子女的長者尤其重要。她表示，身邊已有一些朋友通過社工的幫助，提早完成了這些準備工作。

她的觀點非常實際，體現了她對生命的尊重以及對家人的體諒。她認為，提前規劃好身後事，既能讓自己安心，也能減輕家人的負擔，讓他們在自己離世後能更輕鬆地面對。

一場輕鬆的生命旅程

朱婆婆的生命觀讓人耳目一新。她堅信，生命就像一場旅行，雖然每個人都會有終點，但重要的是如何享受旅程的過程。她以豁達的態度面對死亡，並用實際行動為這一天的到來做好準備。她的故事告訴我們，死亡並不可怕，真正值得重視的，是如何在有限的生命中活得無憾，並用一種回歸自然的方式，為自己的生命畫上圓滿的句號。

在人生的最後一段路上，朱婆婆選擇以輕鬆與自在的方式走向終點，讓我們看到了生命的另一種美好方式。她的樂觀精神與人生智慧，不僅啟發了身邊的朋友，亦為我們提供了一種坦然面對死亡的新視角。

| 朱新倫照片

甄文耀：以平常心面對死亡，為未來做好準備

甄文耀是一位退休人士，曾在銀行業工作數十年，擁有豐富的職場經驗。如今，他從繁忙的工作中退下來，過著悠然的退休生活。然而，對於「死亡」這個話題，他並沒有迴避，反而以平常心和理性態度去看待，並積極思考如何為自己的人生終點做好準備。

死亡是必然的現實

甄文耀引用古語「人生七十古來稀」，指出以往長壽者稀少，但現代人的平均壽命已大大延長。例如在香港，男女的平均壽命已超過八十歲。無論貧富與否，死亡這一關卡是每個人必然要面對的現實。他認為，死亡不應該是恐懼或逃避的對象，而是需要以平常心去接受的人生旅程中的一部分。

他坦言，坊間對死亡有許多幻想、恐懼與期望，但作為一個有信仰的人，他對死亡的態度坦然且積極。對他而言，死亡並不代表終結，而是一個全新生命的開始。

信仰中的永恆生命

甄文耀的信仰讓他對死亡抱持著樂觀態度。他相信，死亡之後，他將進入「天堂」——一個擁有永恆生命的地方。在他的信念中，天堂是充滿喜樂與歡笑的世界，沒有痛苦與疾病。「在天堂裏，夫復何求！」他感慨地說。

這種信仰賦予了他面對死亡的勇氣及平和。他不再對死亡感到恐懼，而是將之視為人生旅程的自然過渡。因此，他認為，與其恐懼死亡，不如積極地為死亡做好準備，讓自己和身邊的人都能坦然地接受這一天的到來。

死亡之前的準備

甄文耀認為，每個人都不知道死亡何時到來，但在面對這個「關卡」之前，仍然有許多事情可以提前準備。他列舉了一些務實而重要的事項，認為這些準備能減輕親友的負擔，並讓自己的離去更加有序：

（1）訂立遺囑：清楚記錄個人財產與意願，避免親友因遺產分配問題產生爭執。

（2）參與器官捐贈計劃：他提倡參與器官捐贈，讓自己的身體能在離世後幫助有需要的人，延續生命的價值。

（3）成為「無言老師」：捐贈遺體供醫學研究或教學使用，為社會和醫療發展作出貢獻。

（4）選擇殯葬方式：他認為提前決定殯葬形式十分重要，

例如是選擇土葬還是火葬，以及火葬後骨灰的安置方式（如撒入海中、安置於花園或龕位）。這些看似「芝麻綠豆」的小事，實際上關乎家人能否安心。

甄文耀強調，若不提前留下「指示」，家人可能在事後面臨諸多問題和困擾。因此，未雨綢繆是十分必要的。

用平常心活好當下

甄文耀的態度讓人深思：面對死亡，並不需要過分悲觀或逃避，而是應該以積極的心態去接受，並在生前做好準備。他相信，死亡是人生的一部分，而信仰讓他對這段旅程充滿平和與希望。

| 甄文耀跑步照片

「死亡是一個必然的現實，但我們可以選擇如何面對它。」他以平實的語氣說道。在甄文耀看來，死亡並不可怕，可怕的是沒有做好準備，或是在人生的旅途中沒有活出意義。他的故事提醒了我們：人生短暫，但只要用心安排好每一步，離開時既不留遺憾，也能讓身邊的人感到安心。

甄文耀的坦然態度與實際行動，無疑為每個人面對人生的終點提供了寶貴的啟示——死亡雖是終點，但準備得當，能讓這一切更有意義、更有尊嚴。

葉檸源：
挑戰自我，珍惜當下的生命旅程

葉檸源，一位 30 歲的基督徒理財顧問，是一個從小就喜歡挑戰自我的人。他以獨特的生活態度和信念，讓自己的生命充滿了冒險和意義。在保險理財行業的工作中，他目睹了許多生離死別，深刻體會到生命的脆弱及有限性，也因此更加珍惜當下，努力活出精彩的人生。

突破界限，擁抱高風險的冒險

葉檸源一直以來都喜歡挑戰自己，尤其是在進入保險理財行業後，這種精神更被放大。在工作中，他接觸到許多因意外或疾病而早逝的案例，讓他深刻地認識到：「生命不是必然，人必須有一死。」這一份對生命有限性的深刻理解，促使他更加熱愛冒險，並願意嘗試那些普通人認為風險很高的事情。

他熱衷於駕駛電單車，在速度中感受自由；挑戰跳傘，在高空中體驗極限的快感；參加拳擊比賽，在搏擊中突破身體與意志的極限。這些冒險並非僅僅為了刺激，而是他對生命的積極回應——用行動去體驗生活的多樣性，讓每一天都不虛度。

「生命的幸福對我來說，就是想做什麼就有什麼。在有限的時間裏，不要讓自己錯過生活的體驗。」

生命的意義在於行動

因為在工作中見證了太多的無常，葉檸源深刻地意識到，生命中的每一天都值得被珍惜。他認為，幸福的關鍵不在於擁有多少，而在於是否有勇氣去實現自己的願望。他相信，生命的價值在於行動，只有真正去嘗試，才能感受到生命的豐富與美好。

「我不希望在生命的最後回顧時，發現自己錯過了太多想做的事情。」他這樣說道。因此，他選擇了用行動去探索未知，用冒險去實現夢想。在每一次挑戰中，他不僅突破了自己的界限，還從中獲得了無比的滿足感。

| 葉檸源工作照片

與上帝同在，找到平安與快樂

作為一名基督徒，葉檸源的冒險精神並非來自盲目的勇敢，而是來自於對上帝的信靠。在挑戰自我的過程中，他時刻感受到上帝的同在，這讓他能夠在高風險的冒險中找到內心的平安與快樂。

他的信仰成為了他生命的基石，無論是面對挑戰還是享受生活，他都能以平靜的心態迎接一切，並從中找到屬於自己的幸福。

活得精彩，無悔人生

葉檸源的故事，展現了一個基督徒理財顧問如何在生活中平衡信仰、冒險與工作的關係。他的冒險精神源於對生命的尊重和對當下的珍惜，而他的信仰則為他提供了內心的力量與平安。

他告訴我們，生命或許短暫，但只要我們敢於挑戰、積極行動，就能讓每一天都充滿意義。幸福並非遙不可及，它就在我們的選擇與行動之中。而對葉檸源來說，真正的幸福，就是與上帝同在，去體驗生命的各種可能性，並活出一個無悔的人生。

鄭藝燊：
兒時之痛，活在當下的生命體悟

鄭藝燊（Yuma）的成長故事，深深烙印了生命的無常與人情的珍貴。他從小經歷了家人的離別，這份失落成為他生命中最深的痛楚，也讓他重新審視生命的意義。這段經歷教會了他如何活在當下，珍惜每一刻，並以善良作為人生的指引。

兒時之痛：成長中的孤單與失落

Yuma 的童年充滿了挑戰，他習慣了獨自面對成長中的困難與挫折。在他還年幼的時候，家人的離開讓他感受到從未體會過的孤單。「小時候，我以為所有的難關都能一日渡過，無論是病痛還是其他困難。」他曾這樣想。

然而，父親的離世，徹底改變了他對生活的看法。這不是一個可以輕易渡過的難關，而是永久的失去。Yuma 回憶起那段時光：「爸爸的離開，讓我明白了生命的脆弱，也讓我重新思考什麼才是生命中最重要的東西。」

對生命的重新體悟

父親的離開讓 Yuma 意識到，生命中有太多的不確定性，無論多麼美好的幻想，最終都比不上眼前的真實。他說：「現實教會我們，不要太過幻想於美好的世界，而是要好好珍惜身邊的人。」

他深刻明白到，生命的幸福並不在於擁有多少，而在於有否用心對待當下的每一天。那些我們認為理所當然的關係，其實可能在下一刻就不復存在。Yuma 希望，自己能夠提醒身邊的人珍惜彼此，因為「死後，萬般帶不走」。

善良地離開，留下珍貴的回憶

在經歷失去後，Yuma 的生命信念變得更加清晰。他說：「我只希望，當我離開時，能夠善良地告別這個世界。」他不

| 鄭藝燊小時候照片

追求奢華的生活，也不執著於名利，而是希望能夠以一顆善良的心，為身邊的人帶來溫暖與力量。

他相信，真正的幸福不是擁有一切，而是在有限的生命裏，讓自己與他人都感受到愛與關懷。他希望，自己的故事能夠提醒更多人珍惜生命的每一天，珍惜眼前人，因為這才是生命最珍貴的禮物。

愛與善良是存在的印記

鄭藝燊的故事，是一個關於失去、成長與珍惜的生命啟示。他用自己的經歷告訴我們，生命雖然短暫，但只要我們用心去愛、去珍惜，就能為自己和他人留下無價的回憶。

「活在當下，珍惜眼前人。」這不僅是 Yuma 對生命的感悟，更是他對所有人的呼籲。當我們能以善良之心面對生活，並用行動去愛身邊的人，便能在離開時，帶著平靜與無悔，為自己的人生畫下溫暖的句點。

Yuma 的信念提醒我們，人生的美好不在於幻想未來，而在於當下與身邊人的每一次深情相對。死後萬般帶不走，但愛與善良，卻能永遠留在這個世界上，成為我們存在的最有力印記。

劉雪燕：死亡讓一切歸零

劉雪燕，現年 59 歲，是一位從印尼嫁到香港的華僑。30 多年前，她因婚姻的緣故離開了出生的地方，來到香港這片陌生的土地。一切都要從頭開始 —— 語言、文化、生活方式，她用堅韌的態度面對挑戰，並努力適應新環境。婚後不久，她迎來了孩子的出生，生活的重心從此放在家庭上。

為了分擔家庭的經濟壓力，孩子出生後不久，劉雪燕投身餐飲業，開始一段忙碌而充實的職業生涯。這份工作雖然辛苦，但她從未埋怨，因為她始終認為，家庭是人生中最重要的部分。無論是自己現在的小家庭，還是遠在印尼的原生家庭，她都放在心上，並以最大的努力去維繫每一段親密關係。

對死亡的抗拒

然而，劉雪燕在人生的另一個層面，卻始終懷有深深的恐懼 —— 她害怕死亡，也不願接受死亡這個不可避免的事實。

「為什麼人一定要死亡？」這是她時常反覆思索的問題。在她的眼裏，死亡是一個殘酷的結局，一個不可逆轉的終點。「一個人如果死了，就什麼都沒有了。」這種對死亡的認知讓她感到深深的不安。

她認為，人們在生時無論多麼努力，無論付出了多少心血，死亡的到來都會讓一切化為烏有。生命的價值似乎在死亡面前變得毫無意義 —— 這讓她對死亡更加抗拒，也讓她更難以接受死亡的存在。

生命的矛盾

劉雪燕的恐懼，其實反映了一種對生命意義的深刻矛盾。一方面，她在日常生活中積極付出，為家人努力工作，為家庭奉獻所有；但另一方面，她又對生命的終結感到無力，害怕自己所做的一切在死亡後都會消失不見。

這種矛盾，讓她時常陷入一種思考 —— 生命的價值究竟何在？如果死亡是不可避免的，那麼人活著的努力是否還有意義？對她來說，這些問題沒有答案，只有無盡的困惑和不安。

珍惜當下的選擇

雖然對死亡懷有深深的恐懼，但劉雪燕仍選擇積極面對生活。她將所有的精力投入到家庭中，與家人共度的每一天對她來說都彌足珍貴。在她的心裏，或許無法改變死亡的結局，但至少可以讓生命的過程充滿愛和意義。

她的故事提醒我們，死亡的存在或許正是為了讓人們學會珍惜當下。雖然生命短暫，但在這有限的時間裏，所建立的關係、留下的回憶，或許正是人類超越死亡的方式。

死亡並非真正的終點

劉雪燕的故事，既展現了她對死亡的恐懼，也讓我們看到了一種對生命的深刻反思。或許，死亡並不是讓一切歸零，而是提醒我們，生命的價值不在於長短，而在於過程中所付出的努力和愛。

對於劉雪燕來說，死亡的陰影始終存在，但她選擇在恐懼中努力活出自己的價值。正是這種選擇，讓她的生命更加充實，也讓她的故事充滿啟發。

| 劉雪燕照片

葉建中：
隨緣而活，無懼生死

葉建中，今年 66 歲，是兩個孩子的父親，也是一名已有超過 30 年駕駛經歷的資深的士司機。他自認是一個活得平凡卻自得其樂的人，對生活並沒有過多的奢求，也不會執著於得失。他的生活理念簡單而坦然，正如他所說：「最重要的是在人生中活得快樂開心，其他的事情就隨緣而定。」

生與死：命運的安排

談起「生與死」，葉建中的態度一如他的性格，平靜而豁達。他認為，生命的來去都是命運的安排，沒有必要過分糾結或害怕。「人來到這個世界的時候，本來就什麼都沒有；所以當我們離開時，也不需要帶走什麼。」他用一句古語來表達自己的看法：「本來無一物，何處惹塵埃。」對他來說，生命是一場旅程，而死亡只是旅程的終點，無需特別恐懼或抗拒。

快樂是人生的核心

葉建中是個實實在在的樂天派，對於人生的態度非常簡單直接。在他看來，無論從事什麼工作、擁有什麼身分，最重要的是在生時能夠感到快樂，擁有一顆樂觀的心。他從不羨慕別人擁有的多與少，也不為未來的事操心。他相信，當一個人專注於當下的快樂，生命自然會過得充實而有意義。

作為一名的士司機，他每天穿梭在城市的街道中，接觸形形色色的乘客。在這三十多年的職業生涯裏，他見過許多人的喜怒哀樂，也經歷過生活的高低起伏。但無論外界如何變化，他始終保持一顆平常心，珍惜與家人相處的時光，並以簡單的生活為樂。

不帶走什麼，也不留下什麼

葉建中對死亡的態度同樣是淡然的。他認為，死亡就像生命中的一場告別，結束了這一生的旅程，但並不需要過多的牽掛。「人離開的時候，不要有太多負擔，也不要把死亡看得太重。」對他來說，死亡並非一件可怕的事情，而是生命的一部分。

他認為，人生的本質是無常的，我們來到這個世界的時候一無所有，那麼當我們離去時，也不需要帶走什麼。他說：「一切隨緣就是最好的了。」這種隨遇而安的態度，讓他在面對人生的終點時，依然能保持一份從容與坦然。

隨緣的智慧

葉建中的人生哲學，簡單卻充滿智慧。他用自己的經歷和思考，告訴我們如何以平和的心態看待生與死。對他來說，生命的意義不在於追求永恆或擁有更多，而在於如何在有限的生命中找到快樂，並學會隨遇而安。

他的故事讓人明白，或許人生最重要的不是逃避死亡，而是學會接受它，並在此之前活得真誠而快樂。一切隨緣，不執著於得失，或許正是人生最好的答案。

葉建中的從容與豁達，提醒我們珍惜當下，放下對未來的擔憂，因為生命本就無常，而快樂則在於我們選擇如何去看待它。「平凡卻開心」，這正是他對人生的最佳詮釋。

| 葉建中照片

吳亦辰：
直面死亡，探索生命的無限可能

吳亦辰，年少時便踏上了獨自闖蕩的道路。由於自小體格健壯，他對死亡的概念曾十分單純：「如果死了，就不能再玩，不能體驗更多事情。」這種對生命的熱愛驅使他勇敢地探索世界，嘗試各種不同的工作，包括一些極具挑戰性與特殊性的職業，例如在殮房短暫工作，以及進入軍營參與訓練。

在這些經歷中，他親眼見過死亡的模樣，甚至目睹過血染的場景。對當時的他來說，死亡並未帶來太大的震撼，更多的是一種與生俱來的接受。他說：「那時，死亡在我心目中，只是一個自然存在的事實，沒特別的感觸。」

直到 20 歲左右，親人的相繼離世才讓他開始對死亡有了更深的思考。姑媽、舅母，甚至雖然長期分隔但在心理上對他影響深遠的父親，這些至親的離開，讓他第一次感受到死亡帶來的情感衝擊。從這時起，他開始探索死亡的真正意義，以及它對自己人生所帶來的影響。

死亡的思考：由感知到哲學的深究

隨著年齡增長，吳亦辰的生命觀逐漸轉變。在 25 至 26 歲左右，他接觸到大量哲學書籍和影片資料，開始對死亡展開更深入的反思。他不再將死亡視為簡單的結束，而是一個充滿

可能的階段。他認為，死亡或許是另一個起點，可能是重生，可能是天堂或地獄，也可能接受獎賞或懲罰。但他同時表示：這些解釋可能不是唯一的答案，因為死亡還有許多不同的可能性，甚至是我們未曾想像過的。」

吳亦辰是一個勇於想像的人，他的思考突破了傳統的框架。他開始相信，死亡與生命的本質或許遠超我們的理解範圍。他說：「我認為，這個世界有可能並非真實存在，而是由一系列數據和程式所構成。」他對此提出了幾個有趣的假設：

（1）數據模擬的世界觀：他認為我們的現實可能只是一個由程式運行的模擬世界，類似電腦遊戲中的虛擬環境。這一觀點源於一些科學理論，例如光傳送技術的研究，暗示人類的存在可能只是科技未完全解釋的現象。

（2）巨大的生命體假設：他進一步思考，人類或許只是某個巨大生命體內的「居民」，就像人體內的血球或細菌一樣。我們的生老病死，可能只是這個宏觀生命體運行的一部分。

這些想法讓吳亦辰對死亡的態度變得更加開放與坦然。他說：「如果死亡只是一場體驗，那麼生命的每一刻都值得我們去珍惜。」

珍惜當下，期待重逢

經歷了對死亡的深入思考，吳亦辰對生命的態度也發生根本性的改變。他開始更加重視與身邊人的連結，珍惜與家人、朋友相伴的時光。他認為，每一次相遇都是生命的禮物，而我們能做的，就是盡力把握每一個瞬間，讓生活變得更有意義。

對於死亡，他的態度既坦然又充滿希望。他相信，死亡並不是永別，而是另一種形式的重逢。「我們晚些再見。」這句話既是對過世親人的思念，也是他對未來的信念。

無懼死亡，活出無限可能

吳亦辰的故事，是一段從無知到深刻、從懵懂到智慧的生命旅程。他用自己的經歷告訴我們，死亡並不可怕，真正重要的是如何在有限的生命中活得精彩、活得有意義。他的哲學思考讓我們重新審視生命的本質，而他對死亡的坦然接受，則啟發我們學會享受當下，真誠地面對每一天。

正如吳亦辰所說：「死亡是一個體驗，生命亦是一個體驗。珍惜每一個人，每一件事，因為這一切，都屬於我們生命旅程的一部分。」

| 吳亦辰工作照片

Amy 婆婆：
信仰中的生命與死亡

今年 76 歲的 Amy 婆婆，是一位有著豐富人生經歷的長者。她曾是一名小學教師，數十年來默默耕耘於教育工作。她的原生家庭關係複雜，童年並不快樂，與家人之間的關係也十分疏離。缺乏家庭的溫暖，讓她年輕時急於尋找情感的寄託而早早結婚。然而，這段婚姻並不幸福，丈夫嗜賭如命，欠下巨額債務，直到 Amy 婆婆發現時已無力挽回。

在婚姻的低谷中，Amy 婆婆沒有向家人訴說自己的困境，而是選擇求助於教會的一位執事。在執事的鼓勵下，她決定離婚，結束這段痛苦的婚姻關係。那段時間，她曾一度萌生自殺的念頭，但因為女兒剛剛考入大學，她最終放棄了這個想法。這是她人生中第一次直面死亡的概念 —— 不是懷著恐懼，而是懷著對生命的掙扎與責任感。

信仰中的死亡觀：從畏懼到平靜

離婚後，Amy 婆婆經歷了一段辛苦又不快樂的日子，但隨著時間推移，生活逐漸回歸穩定，也逐漸找到了內心的平靜。回首過往，她參加過許多喪禮，這讓她對死亡有了更多的認識。作為基督徒，她對死亡並沒有恐懼，因為她深信死亡並不是終點，而是通往永生的道路。

「死亡之後，我們可以在天堂與自己認識的人相聚，過無憂無慮的生活。」這是 Amy 婆婆對生命終點的信念。她認為，死亡是一種轉換，從地上的勞苦進入天上的平安。這種信仰給予她力量，讓她在面對人生中的離別與困境時，能夠更加淡然與從容。

對喪禮的看法：從虛榮到簡樸

Amy 婆婆曾經想過為自己安排一場風光的大型喪禮，以體現對生命的重視。然而，隨著她參加過愈來愈多的喪禮，她的看法也逐漸改變。喪禮的形式不再是她關注的重點，她說：「死者已離世，喪禮只是後人對先人的一種尊重和懷念。」

簡潔的喪禮，不僅能讓家人更輕鬆，也能避免給後人帶來過多的負擔和壓力。她認為，喪禮最重要的是讓家人和朋友感到舒服與自然，而不必過於追求形式上的體面。

對綠色殯葬的態度：期待與接受的距離

雖然現今提倡綠色殯葬如海葬這些環保的喪禮方式，但 Amy 婆婆坦言，她尚未能接受這些形式。作為基督徒，她更希望自己的遺體能安放在基督教的墳場中，這樣她的親人能夠有一個地方來憑弔和懷念。她認為，這種方式符合自己的信仰，也能跟後代保留一份親情的聯繫。

珍惜當下：活在每一天的美好中

經歷了人生的起伏，Amy 婆婆逐漸領悟到，生命的重點並不在於過去的遺憾或未來的擔憂，而在於活在當下。「現在的生活，最重要的是珍惜現有的時光。」她決定用行動去享受每一天，例如多去旅行、多與家人朋友相聚，創造更多的美好回憶。

在她看來，人生的意義，不在於追求轟轟烈烈的成就，而在於如何在有限的時間裏，過一個充滿愛與連結的生活。每一次相聚、每一次歡笑，都讓她感受到生命的美好。

| Amy 婆婆的教會

信仰中的生命啟示

Amy 婆婆的故事是對生命與死亡的深刻詮釋。從一個充滿不幸的童年，到面對婚姻的破裂，再到信仰中的重生，她用自己的經歷告訴我們，生命中的傷痕並不可怕，可怕的是失去對未來的希望。

她的信仰讓她在面對死亡時，能夠以平靜的心態接受，並相信永生的承諾。而她對生命的態度則讓我們明白，活在當下、珍惜每一天，或許正是對死亡最好的回應。

正如 Amy 婆婆所說：「每一天都是上帝的恩典，珍惜每一個可以行走的日子，愛身邊的親人朋友，生命自然就充滿意義。」

|自述|

梁樂燊：有關生命的專業與熱情

我是梁樂燊（Abby），一名大三學生，同時身兼殯葬師、創業者及財務策劃師的多重身分。我知道，這樣的組合聽起來或許有些奇特，但對我來說，這些角色都圍繞著一個共同的核心——如何更好地面對生命的每一個階段，無論是生前的規劃，還是生命終點的安排。

作為一名殯葬師，我專注於將殯葬行業與科技結合，運用無人機、AR（擴增實境）、VR（虛擬實境）、區塊鏈和 AI（人工智能）等技術，重新定義傳統殯葬文化。而作為財務策劃師，我致力於幫助人們為人生的每一個階段做好準備，從理財、遺產規劃到生命的最終安排，確保他們能安心活在當下，也能無憂地迎接未來。

存在的痕跡決定生命的延續

在我看來，死亡並不是生命的終點，真正的死亡發生在「沒有人再記得你」的那一刻。我認為，唯一能證明一個人曾經存在過的方式，就是他在生時對這個世界創造的影響。這種影響可以是留給家人朋友的愛，也可以是對社會的貢獻，甚至是給後人帶來的啟發和改變。

作為殯葬師，我希望幫助家屬以更個性化的方式緬懷逝者，讓逝者的影響力得以延續。而作為財務策劃師，我則希望幫助客戶在生前就做好各種準備，無論是遺產分配、保險安排，還是生命終點的規劃，確保他們的愛與責任在離世後依然流傳。

對死後世界的開放態度

至於死後的世界，我沒有特定的信仰或具體的期待。我選擇對所有可能性保持開放態度，無論是靈魂的延續、科學尚未解釋的未知，還是生命的徹底消散。我相信，這種開放的態度讓我更專注於當下，做好每一件事，而不是被對未知的恐懼或憧憬所束縛。

這種態度也影響了我的工作方式。作為財務策劃師，我幫助客戶提前為未知做好準備，無論生前還是身後，讓他們的家人得到保障；而作為殯葬師，我希望通過每一次儀式，幫助家屬接受生命的自然過程，並找到內心的平靜。

以喜樂告別，拒絕傳統束縛

如果可以選擇，我希望自己的葬禮能夠打破傳統的悲傷氛圍，成為一場充滿溫暖和回憶的聚會。我希望，我的朋友和家人能笑著回憶我們一起經歷的點滴，而不是沉浸在無盡的淚水中。

此外，我希望我的葬禮能融入科技與創意。例如，利用VR 技術重現我生前的精彩瞬間，或者通過無人機為我的告別會捕捉獨特的視角。我拒絕將骨灰以傳統的方式安葬，更傾向於選擇海葬、綠色殯葬，甚至將骨灰製作成紀念物。我相信，死亡後的形式應該是自由多元的，並且能體現個人的價值觀。

對生與死的願望：影響力與陪伴

如果可以選擇，我希望自己是最後一個離世的人。這並不是因為我害怕死亡，而是因為希望陪伴我愛的人走到他們生命的終點。我希望能見證他們的一生，照顧他們，直到送別所有人後，才安心地結束自己的旅程。

同時，我也希望在有限的生命裏留下足夠的影響力。無論是作為一名殯葬師，還是作為一名財務策劃師，我都希望通過自己的努力，幫助人們更好地規劃人生的每一個階段，並改變人們對死亡的看法。無論是生前的準備，還是身後的告別，我都希望能讓人們感受到安心和愛。

活著的意義是延續影響

對我來說，生命的長短並不是最重要的，重要的是我們如何利用這段時間去創造影響。我相信，真正的死亡不是我們離開世界的那一天，而是當我們被徹底遺忘的時候。因此，我希望通過自己的行動，讓我的存在能在他人心中延續得更久。

作為殯葬師，我希望幫助更多家庭以有意義的方式告別；作為財務策劃師，我希望幫助更多人實現生前的財務目標與身後的愛的延續。無論是哪一個角色，我都希望我的努力能為這個世界帶來更多溫暖和安慰。

以生命延續愛與影響

我是一名殯葬師、一名財務策劃師，也是一個對生命充滿熱情、對死亡充滿敬意的人。我始終相信，生命的意義不在於長短，而在於我們如何利用有限的時間，創造無限的價值。

死亡，雖然是生命的終點，但它同時也是一次偉大的轉

| 梁樂燊工作照片

折。它讓我們重新審視自己所留下的痕跡，提醒我們珍惜當下，善待每一個與我們同行的人。我希望，通過我的努力，能夠改變人們對死亡的看法，讓更多人以坦然和愛去面對這一刻，並以創新和個性化的方式，告別生命的旅程。

我相信，真正的永恆不是活得多久，而是留下了多少愛與影響。我希望自己能成為那束微光，為人們點亮生與死這條路上的方向，讓活著的人從中找到力量，讓離去的人得以被永遠記住。

無論是生前的財務規劃，還是生命終點的告別儀式，我希望我的工作能讓這個世界多一份溫暖、多一點意義。只要我們的愛能延續、影響能流傳，我們的生命就會在他人的記憶裏永遠閃耀。

梁樂燊

鄭潔儀：死亡，有保障嗎？

你做盛行？我做保險，全場安靜起來，接著是避開的眼神，這已是司空見慣的場景。不知從何時起，大眾對保險代理存在負面形象，但各行各業都需要保險作最強的後盾，不能缺少。公司需要勞工保險、強積金、團體醫療保險，財富策劃需要儲蓄保險，生老病死需要醫療及危疾保險，置業需要火險，旅行需要旅遊保險。每張保單背後都有一段故事。我作為保險代理深深體會到保險與生死箇中的意義。

生老病死是每個人的必經階段，保險是對「人」的行業，生要買保險，死要索償保險，有足夠保障才能活得自在，活得有尊嚴。死亡並不可怕，可怕是沒有在生前善待自己。然而，長久以來，談論死亡總是令人忌諱，或是出於對死亡的擔心和恐懼等原因，結果不少人在面對親人死亡時不知所措，只剩悲傷、憂慮和絕望。人們臨終前談得最多的，是後悔無享受人生。朋友們，「生命太短暫，一定要做自己開心的事」。

保險和身後事有著微妙關係！平安三寶漸變為平安五寶，意味著大家對身後事的自主性：平安紙、持久授權書、預設醫療指示（2024 年 11 月 20 日，立法會通過了《維持生命治療的預作決定條例》，進一步讓晚期病人享有更大的自主權）、財富規劃、身後事規劃。的確需要規劃，因為現代人擔心「死得太早」，家庭失去經濟支柱；同時也擔心「活得太久」，讓晚年生活成為家庭的負擔。保險同時保障了死亡與生存的功能，把風險轉嫁給保險公司，更重要是讓自己及親友「好好活下去」、「活得有尊嚴」。

公司每年的理賠報告，顯示理賠額及理賠個案每年都錄得雙位數字上升，更心痛的是索償個案愈趨年輕化；癌症、心臟病和中風，依然是首三位殺手。最高的理賠個案賠償金額為900 萬港元，這正是以槓桿原理為自己買足夠的保障 —— 世上最難預測的就是健康風險。不少上一代沒有為自己定下醫療及退休目標，導致晚年活得卑躬屈膝。現在資訊發達，保險知識唾手可得，為自己和家人打造一份安心保障，可讓人生旅途充滿安全感。

生死本是自然，保險代理只要堅持專業、有誠信、有責任心，讓大眾了解保險的重要性和好處，幫助他們規劃未來和保障自己及家人，建立人與人之間無法取代的信任，一起活在當下。

一張保單，一個故事。以下跟大家分享一些工作的故事。

有一種感覺叫「盡在不言中」，猶記得我預訂了一間行政房間，準備好銷售文件，緊張地迎接 Eric，怎料他坐下便拿出一張 300 萬的支票說：「你幫我決定買什麼啦，我簽名就可以。」這種信任就是動力，令我更盡責。之後他每年都買保單，作為退休基金及財富傳承。

一次驚心動魄的「簽單」。電梯到了三樓，四處都是紅燈綠牌按摩 2D、3C 及密集的單位，還有幾對男女在門外閒聊，情景就好似《重慶森林》。我穿過單位，終於找到要買保險的

Daisy。在掙扎是否入屋時，Daisy 大叫：「入嚟啦怕咩？」屋內滿是密麻麻的房間及暗沉的燈光。前所未有的快，簽單完畢，我極速返回樓下，驚魂未定，呆企在街頭。之後 Daisy 介紹了幾位姊妹，由我協助買同一款保單。

「不患寡而患不均」，拉開了江家糾紛的序幕。江家原本是和諧的一家五口，父母、大家姐、細妹、細佬互相扶持。江生江太有五層物業、儲蓄保單、醫療保單、股票現金等，生活無憂，三名子女已成家立室，近年江生江太把手持的物業及財產、保單受益人及財政大權全部轉移給兒子，而大家姐認為自己對屋企盡心盡力，並不認同父母是次的安排，自此家庭關係破裂。不久後江生不良於行，昏迷在醫院，在不情願下被母子送入老人院，兩人也很少來探望。江太以為把所有財產給了兒子，會得到照顧，可惜事與願違。前輩常說，靠山山會倒，靠人人會跑，靠自己最好，人的確要善待自己。

疫情肆虐令人情緒不安，焦慮壓力爆煲，患癌機會無形增加。Emily 是醫護界的管理層，月薪七萬。她不幸患上乳癌，經歷了五個月治療，身心都未準備好再上戰場，未被關心及體諒，需再請無薪假期五個月來調節身心靈。我安慰她，醫療費用有保險賠償，危疾亦賠償了 150 萬，休息是給自己買回尊嚴，她立刻釋懷。她要的是關心，作為保險代理，我有使命提醒客戶朋友購買醫療保障，這是我可給他們的最大回饋。

幫榮哥把六份強積金整合，他大吃一驚：原來有廿多萬！當日，他更展示他抽中了的居屋平面圖給我看。幾個月後，卻接到他女兒來電，說榮哥確診末期胃癌，現在醫院留醫，希望見我一面。原來榮哥交託我幫手處理他的強積金及儲蓄保險，把這些錢留給女兒，不久榮哥便離世了。原來我是他最後交託的人，這令我很深印象。他可以放心地走了，我責任之重，不止於那份薄薄的保單。

我相約陳生，把整合好的強積金文件交給他。他跟我說，後天將出發去台灣參加女兒的畢業禮。我問他，買了旅遊保險嗎？他說，去幾天而已，不用買！誰知，當晚陳生突然中風，左邊身體失去知覺。世事無常，幸好，我早已幫陳生整合好強積金，以免女兒四出奔波，亦解決了他們的燃眉之急。

曾有一份未能送出的生日禮物。我相約花姨吃生日飯，並準備好生日禮物送給她，但等了個多小時，花姨還沒到，電話亦聯絡不上。不料，凌晨時她女兒來電說，花姨突發心臟病

| 鄭潔儀工作照

走了。當刻，我自責為何不早點和她食飯呢？那刻能做的，就是儘力善後她各項保單，紓緩其家人的經濟困難。

每月初，我都緊記要提醒張爸爸交保費。張爸爸要供養太太和三名分別 12 歲、10 歲及 6 歲的女兒。在地盤工作的他是家中經濟支柱，每月收入很緊絀。但他仍堅持為三名女兒買下危疾醫療意外保險，亦為自己投保人壽保險，保障自己及家人。

以上是本人感受，並不代表任何界別，如有冒犯請多多見諒！

鄭潔儀

保險代理人

蔡詠賢：
與逝者家屬同渡難關

從喪親到投身殯儀業，我願與逝者家屬同渡難關。我曾經被喪親之痛吞噬——記得與丈夫新婚不足一年，他就因久咳不止入院，醫生診斷他患上罕見癌症。雖然其後丈夫的手術成功，但其他器官抵受不住癌細胞侵襲及擴散，最終他離我們而去。由入院至訣別，僅短短兩星期。那時候我因丈夫猝逝，一度迷失及抑鬱，但憑著丈夫及家人給我的愛，我重新振作起來。20 年過去，我帶著已癒合的傷口，投身殯儀行業，成為喪親家屬的同行者。生死有命，哀傷有時。

為他好好活下去

那段日子，兩口子對婚後生活的憧憬與甜蜜回憶，常像利刃刺進我心。失去摯愛，那種迷失和傷痛，有口難言。我曾想過立即到天家與丈夫「團聚」，幸而心裏有聲音把我叫住：「如果我也離開，豈不令親人再受打擊？」我感覺到丈夫仍然活在我的心裏，總是眷顧著我。我決定正面處理情緒問題，為了自己，也為了他，好好活下去。

我決定由工作多年的私人助理轉行投身殯儀業，全因為經歷過丈夫及身邊親友的喪事，深深體會了家屬遇到的困境：種種殯儀禁忌的阻礙，如白頭人不能送黑頭人、小朋友不應到靈堂；想用環保棺木代替傳統木棺，卻遭殯儀業人員拒絕，理由是不夠體面；如何佈置靈堂不能由家屬作主；等等。我開始反思，生死不由人，為何摯親的殯葬安排也不由我們選擇？

這個想法一直困擾著我。直至有一次，我看到了*毋忘愛*的訪問——*毋忘愛*提倡環保棺木和殯葬，尊重先人及家屬意願，願意給予家屬選擇。我馬上追蹤*毋忘愛* Facebook，當時心想：未來，我自己的喪禮一定要由他們協助籌辦。想不到，今年初，我竟可帶著已經癒合的傷痕，投身殯儀行業，成為喪親家屬的同行者；在為家屬安排喪禮時，儘力配合其需要，讓他們「有得揀」，自由選擇告別的儀式和細節，為逝去至親辦一個個性化喪禮，不留遺憾。不過，我對自己是否能夠勝任這個工作心存疑慮，尤其是在轉行後，面臨著經濟壓力和與遺體接觸的心理挑戰。

入行大半年，我遇過不少挑戰。我曾經為一個潮州大家庭籌備其母親的喪禮，近十名家人對喪事安排的意見不一，負責統籌的二姊在巨大壓力下長期失眠，加上喪親的打擊，每次提及母親就會痛哭。作為生命頌禮司，我的責任包括確保喪事順利進行，更要陪伴家屬同行。當家人意見分歧，我擔當協調角色，鼓勵大家在溝通中尋找共識，為逝者做最好的選擇。我亦與家屬分享自己的經歷，讓他們明白，縱使哀傷無可避免，但時間會替我們撥開荊棘，走過幽谷。

火化後上位當天，家族中的大哥拿著母親的骨灰，感觸落淚。我對他說，這天是母親的「喬遷之喜」，搬到新家，又指著他的心臟位置，告訴他母親早已住進一家人的心中。大哥聽罷，立即抹掉淚痕，微笑點頭。天上的至親都希望我們好好生活，重新振作就是報答他們的最好方法。

生命雖短，重於泰山

生死是我每天工作需要面對的課題，每一位逝者的生命都是一面鏡子，讓我反思生命意義。有一對夫婦的新生嬰兒不幸夭折，我幫助他們處理院出及火化事宜。兩夫婦初時異常冷靜，表明不需任何儀式，也不會邀請來賓。院出當日，太太認領嬰兒遺體時，哀傷終於壓抑不住，崩潰痛哭，丈夫在旁一邊攙扶一邊啜泣，太太拿出精緻的嬰兒新衣和寫滿心聲的心意咭，小心翼翼地放在愛兒遺體旁邊。火化前，我特意安排了他們一家三口的獨處時間，讓他們好好告別。

好一段時間，我合上眼就會看到嬰兒的樣子，我內心不斷問：生命如斯短暫，到底有何意義？後來嬰兒安碑上位時，我再與夫婦見面，他們早前的愁雲慘霧一掃而空，兩人笑著手拖手，安頓好愛兒。那刻我終於明白，嬰兒的生命雖然短暫，小小的足印卻永遠留存於父母的心。

他們夫婦與嬰兒的愛，就像我與丈夫，或其他失去至親的家庭一樣 —— 相聚的日子雖然短暫，卻足以滋養在世的人往後的人生。每一個生命都有意義和價值，值得被肯定，因為逝者的生命影響著我們的生命，他們的愛給予我們好好活下去的動力。希望藉著這些經歷和感悟，繼續陪伴其他逝者家屬，相信丈夫也會為我感到驕傲。

死後的世界

我一直認為，每過一天，我們就愈接近死亡。但這並不是一個消極的看法。反而進入這個行業後，我覺得自己愈來愈懂得活在當下。因為我會想，當我在喪禮上看著先人時，想到自己可能也會有那一天，我們就應該更加珍惜當下，放下一些執著。因此，我對死亡的態度沒有忌諱，我的朋友和家人也如此。我們都會坦然地面對這些事情，並且我已經安排好了自己的身後事。其實在中學時期，我就開始準備遺書，不是因為想自殺，而是為了自己的身後事自己「話事」，以防萬一。我有很多物品想要保留，並且會提前準備好。我甚至早已選定葬禮形式，立下遺囑，近期也在寫一些話給家人，並不時檢視這些安排。入行後，年紀也漸漸增長，已經完成了平安三寶的所有

| 蔡詠賢（中）與毋忘愛同事合照

準備。對於喪禮的安排，我大致上已經和同事們討論好了，包括選擇大相和音樂播放的清單，也已經告訴了家人和朋友。在這方面，我會不時檢視和更新這些安排。

我也是基督徒，對於死後的世界，我有一些看法。我相信在某種程度上，我們會再次見到已故的親人和小動物。這並不讓我感到害怕，因為死亡是自然的必然。每個生命都會經歷死亡，我對此持開放的態度。至於死後的世界，我並不會特別去想像。相反，我更關注當下的生活。我相信那個世界會是快樂的，可能有遊樂場，讓人感到舒適和愉悅，也許可以在雲上飄浮，享受輕鬆的氛圍。這種想法讓我感到心安。

蔡詠賢

毋忘愛生命頌禮司

| 蔡詠賢工作照

林番茄：如何用音樂走出人生低谷？

我的藝名是林番茄，是一名視障人士。我自出生起便患有斜視及 1,000 度近視，這是遺傳自我母親的。大約在 13 年前，我的視力開始有退化跡象，並引發了青光眼。那時，我十分害怕和緊張，因為我看到的事物都是扭曲的。自中七開始，我便踏入了社會。進入社會後，我開始從事髮型的工作。然而，由於青光眼導致視物扭曲，令我在髮型這一行看不清自己的未來。後來，我進行了青光眼手術，視力恢復了直線，不再扭曲。但是，好景不常，醫生告訴我，我的眼睛仍在退化，未來有失明的風險，具體何時會完全失明無法預測，這取決於眼睛退化的速度，也許會在我年老時失明，又也許明天就會失明，這都是未知數。那段時間我非常擔心，感覺就像天塌了一樣。這種感覺難以形容，因為我對髮型設計充滿熱情，沉醉其中，對於不知道自己的未來會如何，或者我能從事哪一個行業，感到非常迷茫。那段時間，我頹廢了一整個月，待在家裏哭泣，無法找到解決方法。然而，我非常感恩的是，身邊有朋友和伴侶的支持，他們給予我很多鼓勵，並幫助我尋找各種解決方法。他們建議我嘗試做銷售，眼睛有事，但口才沒有問題。

於是，我覺得我應該再嘗試一下。在他們的愛護和支持下，我重新站起來，踏出了新的一步，開始嘗試進入不同的行業，也進了一家公司工作。在這段時間裏，我認識了很多不同的朋友，當中不少人充滿熱情和才華，這大大擴闊了我的交友圈。其實，我非常幸運，能夠邁出創作歌曲的一步。我要特別感謝身邊的 Jeffrey。在回看一些錄像時，我知道自己有走音和其他問題，心裏非常焦慮。然而，就在我覺得應該就此結束的時候，我卻感到不甘心。我的朋友們認為，既然我已經克服了那麼多難關，為什麼這次會被難倒呢？於是，我決定繼續努力改進。有一天，我偶然看到一段 Lyra Music 的影片，講解了唱歌的技巧，這讓我決心踏出這一步，聯絡他們。最終，才有了今天的我。

第一首歌：〈在市集留下分手的印記〉

這首歌於 2023 年 6 月推出，是我自己作曲填詞的，歌名叫〈在市集留下分手的印記〉。這首歌的靈感，來源自一個市集，這個市集的主題是「分手」。我覺得這個主題非常新奇，很多市集都不會選擇這樣的主題，這是我第一次遇到這樣的市集。那天我正好休假，便立即前往參觀。讓我震驚的是，市集展出了許多人的經歷、感情上的紀念品和回憶，旁邊還有他們的故事。這首歌就是來自其中一個深深打動我的故事，來自我一位非常支持我的朋友。因此，我希望能夠將他的感受，以及我自己的個人情感，融入這首歌中。我希望這首歌能夠作為一個開始，因此我計劃將其製作成一個三部曲。因為我相信每個人在感情世界裏都有過類似的經歷。我希望接下來的第二首歌，能夠表達出大家在面對感情傷痛時的情感。

第二首歌：〈被分手後遺症〉

第二首歌歌名叫〈被分手後遺症〉，這首歌正在製作中，大家可拭目以待。這首歌會有兩個版本，這也是一個很巧合的緣分，是人與人之間認識的緣分。我認識了另一位創作歌手 John Vogue，我們的風格截然不同，希望在這首歌上能夠碰撞出不同的火花。在這三部曲中，我希望通過歌曲，給予大家一種共鳴和陪伴。因為我知道在感情世界裏，大家經歷的事情往往很相似，所以我希望這種相似的感受能通過我的歌曲來表達，給予大家一種陪伴的力量。

死後的世界

從我的角度來看，經歷了這麼多事情，死亡對我而言是人生終點或完成的階段。我認為每個人都有不同的故事和經歷，當經歷了人生，到達死亡那一刻，回過頭來，我們會問自己：「我是否不枉此生？我是否已經完成了我想做的事情？我是否為這些事努力過？」我覺得死亡就是一個完成所有事情的階段。至於死後世界會是怎樣，我覺得是一種未知的感覺，可能會開啟一個新的篇章。有可能完成了當下這一章後，死後的世界會是一個新的開始。我對此感到非常好奇，也經常想像新的開始會是怎樣的——會不會是一個更加精彩的人生呢？

在第三部曲，我會以航海的形式來表達對它的感覺。因為海上之旅，經歷了許多風浪，我希望以此傳達正面的感受，讓大家了解如何衝破風浪。這正好反映了我們在世界上的行動，究竟能否自由地衝破自己的障礙，並享受自己想要的人生。這是非常重要，也是非常正面的。

林番茄

唱作歌手

| 林番茄（中）在 Youtube 頻道 J 樂舍中分享如何利用音樂走出人生低谷

策劃編輯　梁偉基
責任編輯　朱卓詠
書籍設計　陳朗思
插圖繪畫　廖鴻雁

書　　名　**生前死後：解開身後事的迷思**
著　　者　劉銳業　梁梓敦　鄺汝澔　黃錦妍　梁樂燊
出　　版　三聯書店（香港）有限公司
　　　　　香港北角英皇道四九九號北角工業大廈二十樓
香港發行　香港聯合書刊物流有限公司
　　　　　香港新界荃灣德士古道二二〇至二四八號十六樓
印　　刷　美雅印刷製本有限公司
　　　　　香港九龍觀塘榮業街六號四樓 A 室
版　　次　二〇二五年六月香港第一版第一次印刷
　　　　　二〇二五年十月香港第一版第二次印刷
規　　格　大三十二開（142 mm × 210 mm）二九六面
國際書號　ISBN 978-962-04-5634-3

Published & Printed in Hong Kong, China.